KB178848

파스칼이 들려주는 수학적 귀납법 이야기

수학자가 들려주는 수학 이야기 24

파스칼이 들려주는 수학적 귀납법 이야기

초판 1쇄 발행일 | 2008년 6월 18일
초판 19쇄 발행일 | 2022년 1월 12일

지은이 | 김정하
펴낸이 | 정은영

펴낸곳 | (주)자음과모음
출판등록 | 2001년 11월 28일 제2001-000259호
주소 | 10881 경기도 파주시 회동길 325-20
전화 | 편집부 (02)324-2347, 경영지원부 (02)325-6047
팩스 | 편집부 (02)324-2348, 경영지원부 (02)2648-1311
e-mail | jamoteen@jamobook.com

ISBN 978-89-544-1562-0 (04410)

수학자가 들려주는 수학 이야기 24

파스칼이 들려주는

수학적 귀납법 이야기

| 김 정 하 지음 |

(주)자음과모음

추천사

수학자라는 거인의 어깨 위에서 보다 멀리, 보다 넓게 바라보는 수학의 세계!

수학 교과서는 대개 '결과' 로서의 수학을 연역적으로 제시하는 경향이 강하기 때문에 학생들은 수학이 끊임없이 진화해 왔다는 생각을 하기 어렵습니다. 그렇지만 수학의 역사는 하나의 문제가 등장하고 그에 대해 많은 수학자들이 고심하고 이를 해결하는 가운데 새로운 아이디어가 출현해 온 역동적인 과정입니다.

〈수학자들이 들려주는 수학 이야기〉는 수학 주제들의 발생 과정을 수학자들의 목소리를 통해 친근하게 이야기 형식으로 들려주기 때문에 학생들이 수학을 '과거 완료형' 이 아닌 '현재 진행형' 으로 인식하는 데 도움이 될 것입니다.

학생들이 수학을 어려워하는 요인 중의 하나는 '추상성' 이 강한 수학적 사고의 특성과 '구체성' 을 선호하는 학생의 사고의 특성 사이의 괴리입니다. 이런 괴리를 줄이기 위해서 수학의 추상성을 희석시키고 수학 개념과 원리의 설명에 구체성을 부여하는 것이 필요한데, 〈수학자들이 들려주는 수학 이야기〉는 수학 교과서의 내용을 생동감 있게 재구성함으로써 추상적인 수학을 구체성을 갖는 수학으로 변모시키고 있습니다. 또한 중간중간에 곁들여진 수학자들의 에피소드는 자칫 무료해지기 쉬운 수학 공부에 있어 윤활유 역할을 할 수 있을 것입니다.

〈수학자들이 들려주는 수학 이야기〉의 구성을 보면 우선 수학자의 업적을 개략적으로 소개하고, 6~9개의 강의를 통해 수학 내적 세계와 외적 세계, 교실 안과 밖을 넘나들며 수학 개념과 원리들을 소개한 후 마지막으로 강의에서 다룬 내용들을 정리합니다. 이런 책의 흐름을 따라 읽다 보면 각 시리즈가 다루고 있는 주제에 대한 전체적이고 통합적인 이해가 가능하도록 구성되어 있습니다.

〈수학자들이 들려주는 수학 이야기〉는 학교 수학 교과 과정과 긴밀하게 맞물려 있으며, 전체 시리즈를 통해 학교 수학의 많은 내용들을 다룹니다. 예를 들어《라이프니츠가 들려주는 기수법 이야기》는 수가 만들어진 배경, 원시적인 기수법에서 위치적 기수법으로의 발전 과정, 0의 출현, 라이프니츠의 이진법에 이르기까지를 다루고 있는데, 이는 중학교 1학년의 기수법의 내용을 충실히 반영합니다. 따라서 〈수학자들이 들려주는 수학 이야기〉를 학교 수학 공부와 병행하면서 읽는다면 교과서 내용의 소화 흡수를 도울 수 있는 효소 역할을 할 수 있을 것입니다.

뉴턴이 'On the shoulders of giants' 라는 표현을 썼던 것처럼, 수학자라는 거인의 어깨 위에서는 보다 멀리, 넓게 바라볼 수 있습니다. 학생들이 〈수학자들이 들려주는 수학 이야기〉를 읽으면서 각 수학자들의 어깨 위에서 보다 수월하게 수학의 세계를 내다보는 기회를 갖기를 바랍니다.

홍익대학교 수학교육과 교수 | 《수학 콘서트》 저자 박 경 미

책머리에

세상의 진리를 수학으로 꿰뚫어 보는 맛
그 맛을 경험시켜 주는 '수학적 귀납법' 이야기

낯선 사람들을 만나게 되면 대부분 '전공이 무엇입니까?' 라고 묻습니다. 그래서 '수학교육입니다.' 라고 대답을 하면 사람들은 자신이 얼마나 수학을 못했었고 싫어하는지에 대해 스스럼없이 드러내어 말합니다. 그리고 가끔은 수학을 좋아하는 사람을 외계인처럼 바라봅니다. 그러나 설문 조사를 해보면 초등학교 저학년 때에는 80% 이상이 수학을 좋아한다고 합니다. 그러나 성인이나 고등학생들에게 물으면 수학을 좋아하는 비율이 10%도 안 된다고 합니다. 중학교, 고등학교로 올라갈수록 수학은 어려워져만 가는 과목이라고 생각합니다. 그러나 사실은 그렇지 않습니다. 자신이 배워오던 것들을 잘 연결시키면 조금씩이지만 새로운 지식들이 쌓여 가는 것을 확인할 수 있습니다.

지난 겨울 초등학교 선생님들을 대상으로 '수학적 사고' 라는 주제로 강의를 하게 되었습니다. 중 · 고등학교 수학교사는 과거에 수학을 좋아했던 분들이 대학에서 수학을 전공하여 교단에 서게 되지만, 초등학교 교사는 그렇지 않은 경우도 많습니다. 제가 '수열이라고 들어본 적 있습니까?' 라고 물었을 때 대부분의 선생님들은 '고등학교 수학' 에서 들어보았다고 하셨습니다. 그러나 가만히 생각해 보면 우리는 자연수를 세기 시작하던 순간부터 이미 수열을 알고 있습니다. 수를 세는 것이 몇 살이면 가능할까요? 요즘은 조기 교육의 바람이 불어서 그런지 말만 시작하면 '일, 이, 삼, 사…' 하면서 수 세기를 해 내더군요. 그리고 초등학교에서의 여러 가지 규칙 찾기 활동에서도 역시 수열에 대해 보다 더 구체적으로 공부합니다. 물론 '수열' 이라는 용어는 사용하지 않고 말입니다. 어릴 때부터 우리는 이미 수열에 대해 조금씩 알아왔다는 사실이 놀랍지 않은가요?

증명의 경우를 살펴봅시다. 우리는 자신이 한 말과 기록한 것이 '참이다' 라고 하기 위해 많은 방법을 동원합니다. 이것을 정당화라고 하는데, 이러한 정당화로서의 증명은 언제 배웠을까요? 어떤 분은 '중학교 수학에서 배웠습니다.' 라고 하실 지도 모르겠어요. 하지만 이 또한 여러분이 이미 어릴 때부터 어느 정도 하기 시작했답니다. 친구 또는 가족에게 자신이 한 말을 믿어달라며 여러 가지 증거 자료를 제시하여 정당화하기도 하고 때로는 우기기도 했을 것입니다. 이러한 활동들이 모두 증명이었다는 사실을 알고 있나요? 중학교 교과서에 제시된 것처럼 근사한 수식으로 표현할 수는 없지만, 우리는 나름대로 증명을 하면서 하루하루 살아가고 있답니다.

수학은 특별한 사람들의 언어가 아닙니다. 바로 여러분이 어려서부터 알고 있는 것들과 그리고 세상을 살아가며 필요로 하게 될 것들을 잘 정리해 둔 것일 뿐입니다.

'수학적 귀납법' 자체가 그리 쉬운 주제는 아닙니다. 수학적 귀납법의 방법만 알고 문제를 해결하여 점수를 얻는 것으로 자신이 수학적 귀납법을 잘 알고 있다고 판단할 수는 없습니다. 이 책을 통하여 보다 폭넓게 수학적 귀납법에 대해 이해할 수 있기를 바랍니다. 혹시 중간 중간에 나오는 식들이 이해가 되지 않는다면 건너뛰면서 전체적으로 수학적 귀납법이 무엇인지 이해하는 데에 초점을 두었으면 합니다. 그럼으로써 이에 대해 점점 더 깊이 있게 이해할 수 있을 것입니다. 끝으로, 《파스칼이 들려주는 수학적 귀납법 이야기》가 출간될 수 있도록 많은 격려와 원고 검토에 애써 주신 정동권 교수님과 강문봉 교수님께 감사의 뜻을 전하고 싶습니다.

2008년 6월 김 정 하

차례

1 이 책은 달라요

《**파스칼**이 들려주는 **수학적 귀납법** 이야기》는 어렵게만 생각했던 증명의 본질을 생각하게 해주며 연역적 증명과 귀납적 증명을 다양한 예를 통하여 이해할 수 있도록 구성하였습니다. 수학을 알기 시작한 순간부터 학습해 오던 것과 초등학교, 중학교, 고등학교에서 배우는 수학과 연계해서 이해할 수 있도록 하였으며, 파스칼의 삼각형을 통하여 수학적 귀납법을 다양한 방법으로 학습할 수 있도록 하였습니다. 파스칼의 삼각형 속에 숨어 있는 피보나치수열을 발견하고 그것을 수학적 귀납법으로 생각해 봅니다. 결코 쉽지만은 않은 수학적 귀납법이지만 책의 흐름을 따라가다 보면 자연스럽게 수학적 귀납법에 대해 이해할 수 있을 것입니다.

2 이런 점이 좋아요

1 지금까지 우리가 생활 속에서 익혀 오던 수열과 증명에 관한 지식들을 하나의 계통으로 이해할 수 있는 연결고리를 제공하고 있습니다. 예와 함께 제시하고 있어 보다 자연스럽게 이해할 수 있습니다.

2 초등학생과 중학생들이 수업 시간에 배운 규칙 찾기와 도형에 관한 지식들을 하나로 연결하여 수열과 수학적 귀납법으로 안내할 수 있는 수학적 자료가 담겨져 있습니다. 초등학생이나 중학생 수준에서 이해하기 어려운 식이 나올 수도 있습니다. 이해하기 어려울 때는 다음에 이해하면 된다는 가벼운 마음으로 살짝 건너뛰는 센스가 필요합니다.

3 고등학생에게 수학적 귀납법의 증명 방법을 단순히 연습하는 것이 아니라, 그동안 배운 것들을 계통적으로 이해하면서 보다 깊고 자연스럽게 수학적 귀납법을 이해할 수 있도록 도와줍니다.

3 교과 과정과의 연계

구분	단계	단원	연계되는 수학적 개념과 내용
초등학교	3-가	도형	생활의 예를 통하여 각 · 직각을 이해하고 직각삼각형, 직사각형, 정사각형을 이해한다.
	4-가	도형	이등변삼각형과 정삼각형을 이해하며 예각과 둔각의 뜻을 알고, 예각삼각형과 둔각삼각형을 이해한다. 삼각형과 사각형의 내각의 크기의 합을 구할 수 있다.
		규칙성과 함수	다양한 변화의 규칙을 수로 나타내고 설명할 수 있으며 규칙 알아맞히기 놀이를 통하여 규칙을 추측하고 말이나 글로 표현할 수 있다.
	4-나	도형	수직과 평행의 관계, 사다리꼴, 평행사변형, 마름모, 직사각형, 정사각형 등의 개념을 이해하고 사각형의 성질을 앎으로써 다각형과 정다각형을 이해한다.
		규칙성과 함수	간단한 대응표를 통하여 대응을 이해하고, 그 규칙을 설명할 수 있다.
	6-가	문제 푸는 방법 찾기	여러 가지 방법으로 문제를 해결할 수 있다.
중학교	7-나	기본도형과 작도	· 점 · 선 · 면 · 각의 간단한 성질과 직선 · 선분 · 반직선 및 각의 성질을 안다. · 한 평면 위에 있는 두 직선의 위치 관계, 맞꼭지각의 뜻과 성질, 점과 직선 사이의 거리를 알고 동위각과 엇각에 대해 알아보고 평행선과 동위각과 엇각의 관계를 이해한다. · 자와 컴퍼스를 이용하여 선분의 수직 이등분선, 주어진 각과 크기가 같은 각, 각의 이등분선을 작도한다. · 합동인 도형의 성질을 알고 삼각형의 합동조건에 대해 한다.
		도형의 성질	다각형에 대해 알아보고 다각형에서 대각선의 총수를 구하는 방법에 대하여 알아본다.
		도형의 측정	다각형의 내각과 외각의 성질을 알고 다각형의 내각과 외각의 크기의 합을 구할 수 있다.

중학교	8-나	확률과 통계	· 간단한 경우의 수 또는 상대도수를 이용하여 확률의 뜻을 알 수 있다. · 확률의 기본 성질을 이해하고 간단한 확률 계산을 할 수 있다.
		도형	① 명제와 증명 명제의 뜻을 이해하고 명제의 증명 방법을 알 수 있다. ② 삼각형의 성질 삼각형의 합동조건을 이용하여 삼각형에 관한 간단한 성질을 증명할 수 있다. ③ 사각형의 성질 여러 가지 사각형의 성질을 증명할 수 있다. ④ 도형의 닮음 · 도형의 닮음의 뜻을 알고 닮은 도형의 간단한 성질을 알 수 있다. · 삼각형의 닮음 조건을 이해할 수 있다.
	9-가	피타고라스의 정리	피타고라스의 정리를 이해하고 이를 활용하여 평면 도형이나 입체도형의 여러 가지 문제를 해결할 수 있다.
고등학교	수학1	수열	① 등차수열과 등비수열 · 등차수열의 뜻을 알고 일반항, 첫째항부터 제 n항까지의 합을 구할 수 있다. · 등비수열의 뜻을 알고 일반항, 첫째항부터 제 n항까지의 합을 구할 수 있다. ② 여러 가지 수열 · $\sum$의 뜻과 성질을 이해하고 이를 활용할 수 있다. · 여러 가지 수열의 일반항, 첫째항부터 제 n항까지의 합을 구할 수 있다. · 여러 가지 수열에 관한 문제를 해결할 수 있다. ③ 수학적 귀납법 · 수학적 귀납법의 원리를 이해한다. · 수학적 귀납법을 이용하여 자연수 n에 관하여 참인 명제를 증명할 수 있다.
		확률과 통계	① 경우의 수 합의 법칙, 곱의 법칙을 이해하고 이를 이용하여 경우의 수를 구할 수 있다. ② 이항정리 · 이항정리를 이해한다. · 이항정리를 이용하여 여러 가지 문제를 해결할 수 있다. ③ 확률 확률의 기본 성질을 이해한다.

4 수업 소개

첫 번째 수업_귀납, 연역, 증명

증명이 무엇인지 알고 귀납적 증명과 연역적 증명을 다양한 예를 통하여 공부합니다.

- 선수 학습 : 명제, 정리, 성질, 삼각형 내각 크기의 합, 평행사변형, 엇갈리는 각엇각과 같은 위치에 있는 각동위각, 피타고라스 정리
- 공부 방법 : '명제와 증명이 무엇인가'를 이해하고 쉬운 예를 통하여 귀납적 증명과 연역적 증명을 이해합니다.
- 관련 교과 단원 및 내용

–(3–가. 도형) 생활의 예를 통하여 각 · 직각을 이해하고 직각삼각형, 직사각형, 정사각형 이해하기

–(4–가. 도형) 삼각형과 사각형 내각 크기의 합 구하기

–(7–나. 도형의 측정)

① 다각형의 내각과 외각의 성질을 알고 다각형의 내각과 외각의 크기의 합 구하기

② 한 평면 위에 있는 두 직선의 위치 관계와 맞꼭지각의 뜻과 성질, 점과 직선 사이의 거리 알기. 동위각과 엇각에 대해 알아보고 평행선, 동위각과 엇각의 관계 이해하기

-(8-나. 도형)

① 명제와 증명 : 명제의 뜻을 이해하고 명제의 증명 방법 알기

② 삼각형의 성질 : 삼각형의 합동조건을 이용하여 삼각형에 관한 간단한 성질 증명하기

③ 도형의 닮음 : 도형의 닮음의 뜻을 알고 닮은 도형의 간단한 성질 알기. 삼각형의 닮음 조건 이해하기

-(9-가. 피타고라스 정리) 피타고라스의 정리를 이해하고 이를 활용하여 평면 도형이나 입체도형의 여러 가지 문제 해결하기

두 번째 수업_수열의 귀납적 정의

수열이 무엇인지 알고 예를 통하여 수열의 귀납적 정의를 알아봅니다.

- 선수 학습 : 다양한 규칙 찾기 활동
- 공부 방법 : 초등학교 이전부터 해오던 다양한 규칙 찾기 활동들이 모두 수열의 기초 학습이었음을 알고 보다 깊은 지식인 수열의 귀납적 정의를 공부하도록 합니다.
- 관련 교과 단원 및 내용

-(4-나. 규칙성과 함수) 다양한 변화의 규칙을 수로 나타내고 설명할 수 있으며 규칙 알아맞히기 놀이를 통하여 규칙을 추측하고 말이나 글로 표현하기

–(수학 I .수열) $\sum$의 뜻과 성질을 이해하고 이를 활용할 수 있으며 여러 가지 수열의 일반항, 첫째항부터 제 n항까지의 합 구하기

세 번째 수업 _귀납적 정의로 표현된 수열의 일반항 구하기

수열의 귀납적 정의를 이해하고 다양한 문제 해결을 통하여 더 잘 이해하도록 합니다.

- 선수 학습 : 수열, 첫째항, 일반항, 수열의 귀납적 정의
- 공부 방법 : 수열에 대한 이해를 바탕으로 하여 귀납적 정의로 표현된 수열의 일반항 구하기 연습을 해봅니다.
- 관련 교과 단원 및 내용

–(수학 I .수열)

① 등차수열과 등비수열 : 등차수열의 뜻을 알고 일반항, 첫째항부터 제 n항까지의 합 구하기. 등비수열의 뜻을 알고 일반항, 첫째항부터 제 n항까지의 합 구하기

② 여러 가지 수열 : $\sum$의 뜻과 성질을 이해하고 활용하기. 여러 가지 수열의 일반항, 첫째항부터 제 n항까지의 합 구하기. 여러 가지 수열에 관한 문제 해결하기

네 번째 수업_수학적 귀납법

여러 가지 예를 통하여 수학적 귀납법을 이해하고 수학적 귀납법으로 증명하는 방법을 공부합니다.

- 선수 학습 : 수열, 무정의 용어, 공리
- 공부 방법 : 수학적 귀납법과 귀납적 증명의 차이를 알고 수학적 귀납법의 증명방법을 다양한 예를 통하여 이해합니다.
- 관련 교과 단원 및 내용

–(수학 I . 수열)

① 여러 가지 수열 : $\sum$의 뜻과 성질을 이해하고 이를 활용하기. 여러 가지 수열의 일반항, 첫째항부터 제 n항까지의 합을 구하기. 여러 가지 수열에 관한 문제 해결하기

② 수학적 귀납법 : 수학적 귀납법의 원리를 이해하기. 수학적 귀납법을 이용하여 자연수 n에 관하여 참인 명제를 증명하기

다섯 번째 수업_파스칼의 삼각형과 수학적 귀납법

파스칼의 삼각형을 통하여 여러 가지 수열을 찾아보고 찾아진 규칙들을 수학적 귀납법을 통하여 증명해 봅니다.

- 선수 학습

수열, 수학적 귀납법, 이항정리, 경우의 수

• 관련 교과 단원 및 내용

–(4–나. 규칙성과 함수) 다양한 변화의 규칙을 수로 나타내고 설명할 수 있으며 규칙 알아맞히기 놀이를 통하여 규칙을 추측하고 말이나 글로 표현하기

–(수학 I. 수열) 수학적 귀납법의 원리 이해. 수학적 귀납법을 이용하여 자연수 n에 관하여 참인 명제 증명하기

–(수학 I, 확률과 통계)

① 경우의 수 : 합의 법칙, 곱의 법칙을 이해하고 이를 이용하여 경우의 수 구하기

② 이항정리 : 이항정리를 이해하고 이항정리를 이용하여 여러 가지 문제 해결하기

③ 확률 : 확률의 기본 성질 이해하기

여섯 번째 수업_피보나치수열과 수학적 귀납법

파스칼의 삼각형에서 피보나치수열을 찾아보고 피보나치수열과 수학적 귀납법이 어떤 관련이 있는지 공부하여 봅시다.

• 선수 학습 : 수열, 파스칼의 삼각형

• 공부 방법 : 자연 속에 숨어 있는 수학적 규칙인 피보나치수열을 파스칼의 삼각형에서 찾아보고 수학적 귀납법으로 증명하며 공부

합니다.

• 관련 교과 단원 및 내용

-(4-나. 규칙성과 함수) 다양한 변화의 규칙을 수로 나타내고 설명할 수 있으며 규칙 알아맞히기 놀이를 통하여 규칙을 추측하고 말이나 글로 표현하기

-(8-나. 도형) 도형의 닮음 : 도형의 닮음의 뜻을 알고 닮은 도형의 간단한 성질 알기

-(수학 I . 수열)

① 여러 가지 수열 : $\sum$의 뜻과 성질을 이해하고 이를 활용하기. 여러 가지 수열의 일반항, 첫째항부터 제 n항까지의 합을 구하기. 여러 가지 수열에 관한 문제 해결하기

② 수학적 귀납법 : 수학적 귀납법의 원리 이해하기. 수학적 귀납법을 이용하여 자연수 n에 관하여 참인 명제 증명하기

일곱 번째 수업_수학적 귀납법의 효용과 그 한계

수학적 귀납법은 그 원리만 알면 아주 간단하게 사용할 수 있는 증명 방법으로 많은 수학자들이 사용해 왔고 효용가치도 높지만 증명하려는 명제를 수학적으로 명백하게 정의내릴 수 없을 경우에는 오류를 범하게 됨에 유의합니다.

• 선수 학습 : 명제, 증명, 수학적 귀납법

• 공부 방법 : 수학적으로 명백하게 정의할 수 없는 명제를 수학적 귀납법으로 증명할 경우 오류를 범할 수 있음을 예를 통하여 공부합니다.

• 관련 교과 단원 및 내용

-(8-나. 도형) 명제와 증명 : 명제의 뜻을 이해하고 명제의 증명 방법 알기

-(수학 I .수열)

① 여러 가지 수열 : $\sum$의 뜻과 성질을 이해하고 이를 활용하기. 여러 가지 수열의 일반항, 첫째항부터 제 n항까지의 합 구하기. 여러 가지 수열에 관한 문제 해결하기

② 수학적 귀납법 : 수학적 귀납법의 원리 이해하기. 수학적 귀납법을 이용하여 자연수 n에 관하여 참인 명제 증명하기

파스칼을 소개합니다

Blaise Pascal (1623~1662)

"진정한 수학자는 모든 사물을

정의와 원칙에서만 설명한다.

바르게 사고한다는 것은 명료한

원칙이 존재한다는 것과 같은 의미이다."

여러분, 나는 파스칼입니다

지금부터 여러분과 함께 수학적 귀납법에 대해 공부하게 될 파스칼입니다. 나는 이미 오래전에 죽은 사람이지만 여러분의 수학 공부에 도움을 주고자 이렇게 다시 이 자리에 서게 되었습니다. 내가 죽은 이후에도 많은 훌륭한 수학자들이 좋은 수학을 연구했더군요. 수학이라는 말만 들어도 울렁증이 있는 학생이 있습니까? 그건 바로 수학을 공부하는 진정한 맛을 느껴보지 못해서 그래요. 어떤 사람들은 내가 수학을 무척이나 좋아했다고 하면 신기한 눈으로 쳐다보거나 거짓말이라고 한답니다. 하지만 오히려 내가 만약 여러분처럼 건강하고 좋은 환경 속에서 공부할 수 있었다면 더욱 많은 것들을 발견하고 그 안에서 더욱 즐거워했을 것입니다.

여러분은 수학적 귀납법에 대해 들어본 적이 있나요? 아마 생소한 학생들도 있을 것이고 어려워서 포기한 학생들도 있을 거예요. 어떤 학생들은 문제는 풀 수 있지만 그 안에 숨겨진 재미있는 비밀들은 알지도 못한 채 단지 배운 대로 또는 교과서나 참고서에 나온 대로 따라가기에 급급한 학생들이 있을지도 모르겠어요. 또 어떤 학생들은 하나하나 조각이 나버린 자신의 머릿속의 잔재들을 어떻게 퍼즐로 맞추어야 할지 난감해 할지도 모르겠어요.

난 강의하는 것을 그리 즐겨하는 사람은 아니지만 여러분이 수학적 귀납법에 대한 내용을 한 줄로 꿸 수 있도록 도와주고 싶어졌어요. 나의 강의를 잘 따라오다 보면 자연스럽게 수학적 귀납법이 무엇인지 알게 될 것입니다.

먼저 내 소개를 해야 할 것 같습니다. 내 이름은 파스칼입니다. 나는 프랑스 오베르뉴 클레르몽페랑이라는 곳에서 태어났어요. 파스칼이라는 이름을 어디에서 들어 보았나요? 도덕 시간이나 윤리 시간 또는 철학책에서 들어본 적이 있다고요? 네, 맞아요. 나는 종교적인 것에 관심이 아주 많았어요. 명상집도

편찬하고 그랬지요. 여러분은 '인간은 생각하는 갈대다' 라고 말한 사람이 바로 나라는 것을 알고 있나요? 여러분은 유명한 철학자인 칸트를 잘 알고 있을 것입니다. 칸트는《순수 이성 비판》이라는 유명한 책을 남기셨지요. 그 분의 생애를 설명하자면 말이 길어질 것 같으니 넘어가도록 하죠. 간단히 말해 칸트와 이성이 찬양 받던 시대에, 나는 이성의 나약함과 '인간의 위대함과 비참함' 을 주장하고 싶었답니다. 그래서 사람들은 나를 합리주의를 비판한 사람이라 하여 '반합리주의자' 라고 부르기도 합니다. 그러나 그것은 나의 철학적인 면모입니다.

사실 나는 수학을 학교에서 배운 적이 없어요. 아마도 깜짝 놀랄 거예요. 수학에 대해 강의할 사람이 수학을 배운 적이 없다니요. 내가 3살 때 어머니께서 돌아가셔서 그런지 나는 몸이 몹시 허약했어요. 그래서 아버지는 나에게 언어학 이외에는 공부를 시키지 않았답니다. 수학을 공부하게 되면 많은 스트레스를 받게 될 것이고 무리 하는 것은 내 건강에 무조건 나쁘다고 생각하셨지요. 그래서 더 열심히 했는지도 모르겠어요. 왜 여러분도 누가 하지 말라고 하면 자꾸 호기심이 생기고 더 해보고 싶고 그렇잖아요. 가지 말라는 곳은 반드시 가보고 싶고…….

나도 그랬어요. 그래서 나는 가정교사에게 기하학의 성질에 대하여 자주 물어보았습니다. 나의 훌륭하고도 친절한 가정교사는 기하학에 대해 설명을 잘 해주곤 했답니다. 아버지의 반대도 오히려 크게 한몫했습니다. 그래서 나는 노는 시간을 이용해서 남몰래 공부에 몰두하여 수 주일 내에 많은 기하학의 성질을 알아냈습니다. 특히 삼각형 내각 크기의 합이 180°가 된다는 사실을 스스로 알아냈어요. 삼각형 내각 크기의 합은 삼각형으로 오린 종이를 접음으로써 알아냈어요. 삼각형 기하에서 내 이름이 많이 나오는데, '파스칼의 정리' 라는 이름이 붙여져 있습니다.

아참! 혹시 요즘에 많이 사용하는 계산기를 처음 개발한 사람이 누군 줄 아세요? 바로 나랍니다. 나의 아버지가 정부의 회계감사를 담당하고 계셨거든요. 그래서 항상 힘들어하시는 아버지를 좀 편안하게 해드리고 싶었지요. 그래서 개발을 하게 된 것입니다. 지금 아마 프랑스 르왕의 어느 한 박물관에 잘 보관이 되어 있을 것입니다. 혹시 관심 있는 분은 프랑스로 여행을 가보는 것도 좋을 것 같아요.

수학자가 나와서 수학을 가르쳐주는 시간인데 철학자가 왜 나왔냐고요?

네? 잘못 나왔다고요?

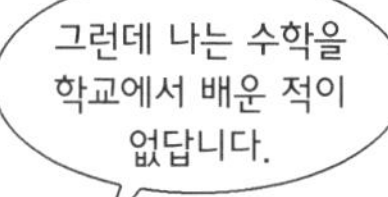

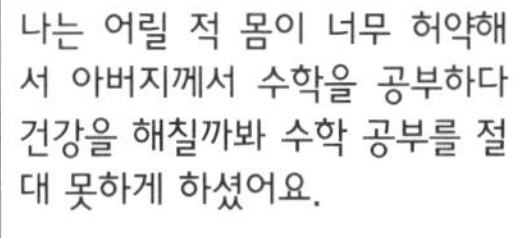

블레즈!!!
벌컥
앗~ 아버지!
이런! 수학공부를 제대로 한 적이 없는데 그 어려운 기하를 혼자서 깨우치다니...
블레즈야!
아버지 죄송해요. 다시는 수학 공부를 안 하겠어요.
아니다. 아버지가 잘못했다.
앞으로는 맘껏 수학공부를 하도록 하거라.
아버지 감사합니다!
방 방
여러분들 지금 사용하고 있는 계산기를 처음 만든 사람이 누군지 아나요?
바로 나랍니다.
나는 철학과 수학에서 수많은 업적을 남겼습니다.
철학
파스칼의 수학
하지만 건강이 좋지 못해서 39세라는 젊은 나이에 세상을 떠나고 말았죠.
수학을 더 해야 하는데... 윽~
여러분 가장 중요한 건 바로 건강이랍니다.
건강해야 수학공부도 맘껏 뛰노는 것도 할 수 있죠.
척!
우리 모두 건강하고 씩씩하게 나와 함께 수학여행을 떠나봅시다.
와아

이런 죄송합니다. 내 소개를 한다는 것이 자랑이 된 듯하네요. 그런데 여러분께 하고 싶은 말은 내가 많은 업적을 남겼다는 것이 아니라 내가 얼마나 수학을 좋아했느냐는 것입니다. 좋아하는 것을 열심히 할 때 항상 좋은 성과는 따라오기 마련이랍니다. '교과서가 잘못되었네', '공교육이 어쩌네, 수학 선생님이 어쩌네' 하는 것은 모두 나의 상황에 비하면 사치스러운 불만이지요? 중요한 것은 열정입니다. 열정을 간직하고 실행에 옮기세요.

자, 여기서 인생에 관한 일장연설은 마치기로 하구요.

강의를 하면서 더 깊이 있고 재미있는 이야기를 계속해 가기로 하지요. 오랫동안 공부하는 것보다 집중하는 것이 효과가 훨씬 높아요. 사실 수학적 귀납법에 대한 나의 강의가 그렇게 쉽지만은 않을 수 있어요. 그러나 여러분 '파도타기' 아시죠? 잔잔한 바다를 계속 가는 것보다는 조금은 두려워 보이는 파도를 넘었을 때의 기쁨을 느껴보세요. 자, 그럼 수학적 귀납법을 정복하기 위해 출발해 볼까요?

야호!
신나게 재밌게
뛰어넘는 거야.
수학
어려움
두려움

귀납, 연역, 증명

증명이란 무엇인가요?

귀납적 증명과 연역적 증명의 예를 통해서 알아봅시다.

1. 명제와 증명에 대해 이해합니다.
2. 귀납적 증명과 연역적 증명을 이해합니다.

미리 알면 좋아요

1. 명제란 참 또는 거짓이 명확히 구분되는 문장 혹은 수식입니다.

① 삼각형에는 세 개의 변이 있고 세 개의 꼭짓점이 있다.

② 사람은 꽃보다 아름답다.

③ 한국에서 가장 아름다운 건축물은 숭례문이다.

④ $1+8=10$이다.

위에서 ①과 ④는 참과 거짓으로 말할 수 있으므로 명제이고 ②와 ③은 기준이 불명확하여 참인지 거짓인지 알 수 없으므로 명제라고 할 수 없습니다.

2. 조건은 비록 명제는 아니지만 조건이 결정되면 참, 거짓이 판별될 수 있는 문장입니다. 예를 들면, '$x-5>2$' 라는 부등식이 주어졌을 때 이것만으로는 참인지 거짓인지 말할 수가 없습니다. 만약에 $x=5$라면 좌변이 0이 되고 우변이 2가 되므로 거짓이 됩니다. 한편, $x=10$이라면 좌변이 5가 되고 우변이 2이므로 위의 부등식은 참이 됩니다. 따라서 위의 설명 중, '$x=5$라면' '$x=10$이라면' 이 바로 조건이 되는 것입니다.

3. 가정과 결론은 어떤 것을 논리적으로 설명할 때 사용합니다. 예를 들어 봅시다. '$a=b$이면 $a+2=b+2$이다.' 라는 명제에서 가정은 '$a=b$' 이고 결론은 '$a+2=b+2$' 입니다. 따라서 '㉠이면 ㉡이다.' 라고 나타낸다면 '㉠' 은 가정이고 '㉡' 은 결론이 됩니다.

먼저 증명이 무엇인지 알아볼까요? 수학의 꽃은 증명이라고 합니다. 그만큼 증명이 수학의 아름다움을 잘 나타내면서도 아주 중요하다고 할 수 있습니다. 증명이라고 하면 가장 먼저 무엇이 떠오르나요? 수학책에서 근사하고 깔끔하게 정리되던 식들이 눈앞에 떠오르면서 왠지 모를 두려움이 드나요? 아마도 증명 때문에 수학을 어려워하고 포기하는 학생들이 많을 것입니다. 하지만 증명이란 여러분이 생각하는 것처럼 절대적으로 참인 것만을 말하는 것은 아니랍니다. 어떤 사람이 "왜 그게 참이니?"라고 물었을 때 왜 그런지 설명해 내는 것을 '증명'이라고 하면 쉽게 이해가 될까요? 어떤 사람은 "우리 엄마가 그러셨어." "우리 선생님이 그렇게 말씀하셨어." " 유명한 수학자가 그렇다고 했어." 등과 같이 권위 있는 사람들의 말이나 "책에 그렇게 나와 있지 않니?"와 같이 책에서 나온 내용을 참인 근거로 주장할 수도 있습니다. 그러나 이와 같은 증명은 너무나도 수준이 낮은 증명이라고 할 수 있겠죠? 오가와 요코가 지은《박사가 사랑한 수식》에서 박사는 집안 도우미로 온 사람에게 다음과 같이 말합니다.

"진짜 증명은 한 치의 빈틈도 없는 딱딱함과 부드러움이 서로 모순되지 않고 조화를 이루고 있지. 틀리지는 않아도 너저분하고 짜증나는 증명도 얼마든지 있거든."

이 책에서는 이렇게 증명의 아름다움을 표현하고 있습니다. 증명을 보다 아름답게 하기 위해서는 앞에서 말했듯이 누군가에 의한 권위만으로는 어렵겠지요?

라카토스라는 유명한 수학자는 증명을 '하나의 사고실험' 이라고 하기도 했고, 어니스트와 같은 수학자들은 '어떤 사회 집단의 동의에서 얻어진 것' 이라고도 했습니다. 그러니까 수학책에 나오는 것처럼 장황하고 아름다운 문자들로 나타나는 증명뿐만이 아니라 다른 사람을 정당하게 설득해낼 수 있다면 증명

으로서의 역할을 한다고 말할 수 있습니다.

증명에는 '귀납적 증명 방법'과 '연역적 증명 방법'이 있어요. 이 두 가지의 증명 방법에 대해 설명하기 전에 '귀납적'과 '연역적'이라는 말의 뜻을 알아야겠지요?

먼저 '귀납적'이라는 말을 살펴보도록 하겠습니다. 귀납을 한자로 나타내면 歸納입니다. 한문이 너무 어렵지요. 나도 그렇게 생각합니다. 영어로는 'Induction'이라고 합니다. 요즘과 같이 인터넷이 발달한 시대에는 단지 검색 창에 단어만 써도 관련된 내용들을 많이 찾을 수 있을 것입니다. 사전적 의미를 살펴보면 '귀납의 방법으로 추리하는, 또는 그런 것' 이라고 나와 있습니다. '어떤 현상을 관찰하고 거기서 어떤 원리를 유도해 냈다면 그것은 바로 귀납적 방법이다' 혹은 '개별적인 특수한 사실이나 원리로부터 일반적이고 보편적인 명제 및 법칙을 유도해 내는 일. 추리 및 사고방식의 하나로, 개연적인 확실성만을 가진다' 라고 설명하고 있습니다. 말이 너무 복잡하고 어려워서 이해가 안가지요? 조금 더 풀어서 이해해 보도록 합시다.

뭔가 잘 발견하려면 무엇보다도 관찰을 잘해야 해요. 관찰할 때에는 진득하게 생각하면서 내가 무엇에 대해 관찰하고 있는지 목표를 잊어서는 안 된답니다. 주로 과학자들이 좋아하는 방법인데요, 실험에서 많이 행해지는 것으로 일정기간 일정한 현상을 관찰함으로써 하나하나의 사실이 참이라고 하는 것을 찾아내는 것입니다. 이러한 하나하나가 점점 많아지게 되면 '아 정말 그렇구나.' '그럼, 일반적으로 그렇다고 말할 수 있을까?' '다시 한 번 다른 예를 찾아보자.' '정말 그렇구나!' 라고 하여 참이라는 결론에 점점 가까이 가게 되는 것입니다. 하나의 예를 들어 생각해 볼까요?

어느 날 똑순이라는 어린 아이가 시냇가에 놀러갔습니다. 아버지가 낚시로 잡아 놓은 물고기를 보고 있는데 얼굴 옆에 갈라진 곳이 자꾸 위 · 아래로 움직이는 것입니다. 그래서 아버지에게 물었습니다.

"아버지, 물고기의 이 얼굴 옆에 움직이는 부분이 무엇이에요?"

"응, 그건 아가미란다. 물고기는 거기로 숨을 쉬거든. 그래서 살아 있는 물고기들은 그곳이 계속해서 위 · 아래로 움직이는 거란다."

"아, 그렇구나."

아버지가 잡아 올리는 물고기마다 아가미가 있고 아가미로 숨을 쉬는 것을 확인할 수 있었습니다.

어느 날 수족관을 구경하게 되었습니다. 그곳에는 상어, 쉬리, 곰치 등 멋진 물고기들이 많이 있었습니다. 관찰한 결과 그들도 모두 아가미로 숨을 쉬는 것을 알 수 있었습니다. 똑순이의 확신은 점점 강해졌습니다.

어느덧 여름방학이 되었습니다. 부모님과 함께 대공원에서 돌고래 쇼를 보기로 하였습니다. 똑순이는 돌고래도 물속에서 살기 때문에 물고기라고 여겼습니다. 그리고 당연히 아가미로 숨을 쉴 것이라고 생각했습니다. 멋진 쇼를 보여준 조련사 언니에게 물었습니다.

“언니, 오늘 공연이 참 멋있었어요. 돌고래는 아가미로 숨을 쉬지요? 물에서 헤엄치고 물속에서 숨을 쉬어야 하니까 그건 당연한 것이지요?”

너무나 확신에 차서 묻는 똑순이에게 조련사는 어안이 벙벙했습니다.

“아니야, 똑순아. 돌고래는 다른 물고기들과 달라서 허파로 숨을 쉬어.”

똑순이에게는 너무나 큰 충격이었습니다.

‘돌고래는 물속에서 헤엄을 치고, 그렇다고 사람처럼 땅 위를 걸어 다니는 것도 아니니까 당연히 아가미로 숨을 쉬어야 하는 것 아니야? 뭔가 이상해. 왜 허파로 숨을 쉬지? 그럼 개구리처럼 물속에서도 살고 땅 위에 올라와서 살기도 하고 그런 건가?’

똑순이가 여러 종류의 물고기에서 얻어낸 '물에서 헤엄치는 물고기는 아가미로 숨을 쉰다' 라는 결론은 돌고래에 대한 설명을 듣기 전까지는 명백한 사실이었습니다. 그러나 돌고래가 허파로 숨을 쉰다는 사실을 알게 됨으로써 방금 전까지 너무나 명백하게 생각했던 것이 참이 아니라는 결론을 얻게 되었습니다.

여기서 똑순이가 여러 물고기를 관찰하여 '물속에서 살고 있는 물고기는 모두 아가미로 숨을 쉰다' 는 결론을 얻어내는 것을

귀납적인 방법이라고 합니다. 이와 같이 여러 가지 예들을 바탕으로 하여 그 안에서 일반적인 속성을 찾아내는 것을 귀납이라고 합니다. 그런데 똑순이가 물속에서 신나게 헤엄치는 돌고래는 아가미로 숨을 쉬지 않는 사실을 알게 되면서 확신했던 결론이 틀렸음을 보여줍니다. 이러한 예들을 반례라고 합니다. 귀납은 반례가 나타나면 언제든지 깨질 수 있는 불안함이 있습니다. 뒤에 다시 설명하겠지만 여기서 잠깐 언급하자면, 이와 같이 반례를 들어가며 주장이 거짓이라는 것을 증명해 가는 것은 연역적인 방법이 됩니다.

귀납적인 방법의 또 다른 예를 살펴보기로 합시다. '각인刻印'이라는 말을 들어 본 적이 있나요? 기러기들은 처음 부화되었을 때 보게 되는 대상을 그들의 어미로 인식한다고 합니다. 〈아름다운 비행〉이라는 영화를 본 적이 있나요? 캐럴 발라드 감독이 만든 영화입니다. 여행 중이던 에이미는 교통사고로 엄마를 잃고 아버지 토마스와 시골에 내려가 살게 됩니다. 늪을 개발하여 경제적 수익을 올리려는 개발업자들의 횡포로 속이 훤히 드러난 늪 주위를 거닐던 에이미는 미처 부화하지 못한 야생 기러기 알들을 발견합니다. 조심스럽게 집으로 옮겨진 기러기 알들은 에

이미의 도움을 받고 귀여운 새끼 기러기들로 태어납니다. 여기서 또 어떤 학생들은 에디슨의 이야기를 떠올리며 사람은 새의 알을 부화시킬 수 없다고 말할지도 모르겠어요. 사실 새의 체온과 사람의 체온은 달라서 사람이 품어서 부화시키기 어렵다고 합니다. 그래서 요즘에는 많은 과학적 도구로 일정한 온도를 유지하면서 새의 알들을 부화시키고 있답니다. 세상에서 가장 먼저 본 에이미를 어미 새로 알고 있는 기러기 새끼들은 에이미의 행동만 따라하게 됩니다. 이러한 현상이 바로 각인입니다.

어느 다큐멘터리에서 본 것인데요, 실제로도 프랑스의 한 환경 운동가는 멸종 위기로 알려진 많은 철새들의 알을 천적으로부터 보호하기 위해 직접 모아서 부화시키고 자신을 어미로 인식할 수 있도록 알에서 깨어나 제일 먼저 자신을 보게 하고 이들에게 비행훈련을 시켜 야생의 상태로 되돌려 보낸다고 합니다. 이러한 관찰과 실험에 의해 '각인이 새들에게 가능하다' 라는 생각을 하게 됩니다. 이것도 귀납적인 방법입니다. 그렇다면 모든 새들에게 각인이 가능한 것일까라는 의문을 가지게 됩니다. 또 몇몇 종류의 새들을 실험한 결과 각인이 가능했습니다. 그렇다고 해서 모든 새들은 각인이 가능하다고 말할 수 있을까요? 만약에 한 마리라도 그러한 방법에 의한 각인이 통하지 않는 경우를 발견하게 되면 앞에서 말한 '각인이 모든 새들에게 가능하다' 라는 결론은 신뢰를 잃게 되는 것이지요.

자, 이제 차츰 귀납적인 방법이 무엇인지 이해가 되나요? 그럼 한 가지 예를 더 살펴보고 조금 더 굳건하게 이해하도록 합시다.

여러분은 지동설과 천동설에 대해서는 많이 들어 보았을 것입니다. 아주 옛날 사람들이 하늘을 쳐다보며 구름과 달과 태양이 움직이는 것을 관찰하고, 하늘이 돌고 있다고 확신했으며, 이를 천동설이라 합니다. 누구나 매일매일 하늘의 움직임을 관찰할 수 있었고 분명히 하늘이 움직이고 있으니 당연하게 진리로 여기게 되었지요. 기원전 2세기 프톨레마이오스는 지구를 중심으로 달, 수성, 금성, 태양, 화성, 목성, 토성이 나열되어서 회전하고 있으며 나머지는 별들이 고정된 채로 있다는 천동설 이론을 발표하게 됩니다. 모두가 그의 이론에 박수를 보냈고 고개를 끄덕였습니다. 프톨레마이오스 체계는 1543년에 코페르니쿠스가 이 우주관에 의문을 가지고 새로운 지동설을 주장하기 전까지 누구도 침범할 수 없었던 진리였습니다. 이후 티코 브라헤, 갈릴레오 갈릴레이, 케플러와 뉴턴 같은 학자들이 천체 관측 자료를 바탕으로 지동설의 증거를 하나씩 찾아내었어요. 이로 인해 과학적으로 지동설이 옳다는 것이 증명되었습니다. 지금은 위성에 의해 하늘의 모습을 볼 수 있으므로 그 누구도 지동설 즉 태양이 중심이고 지구가 움직인다는 설을 의심하는 사람이 없을 것입니다. 이처럼 관찰에 의해 귀납된 사실은 또 다른 관찰이나 새로운 이론에 의해 파괴될 수 있습니다.

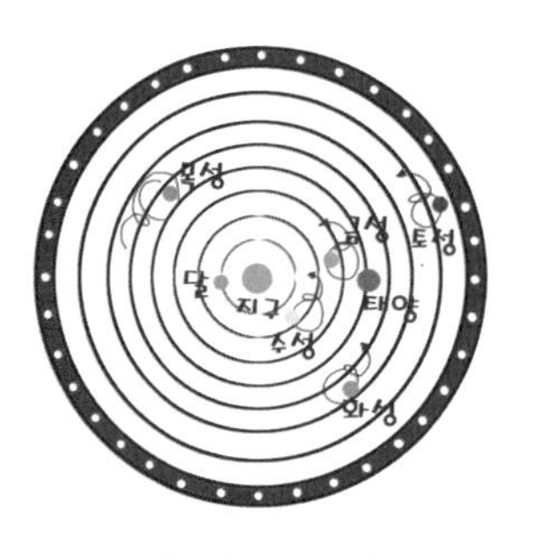

프톨레마이오스 체계천동설

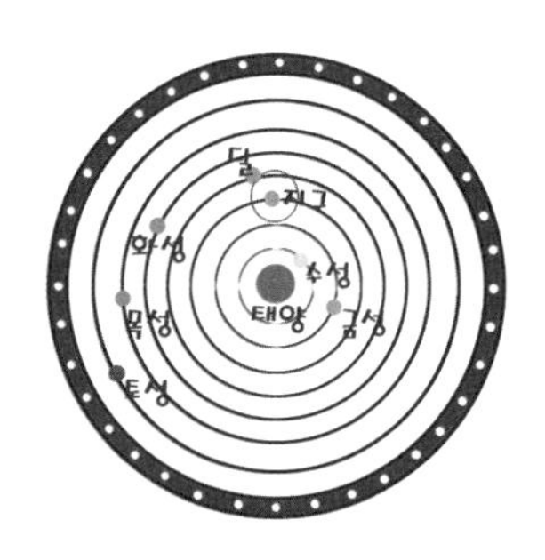

코페르니쿠스 체계지동설

또 다른 예를 살펴봅시다. 문제 해결과 개연적 추론으로 유명한 폴리야Polya의 책에서 볼 수 있는 예랍니다.

$$3+7=10,\ 3+17=20,\ 13+17=30$$

여러분이 우연한 기회에 앞의 식들의 관계를 살펴보고 이것들 사이에 유사한 점을 발견했다고 합시다. 3, 7, 13, 17은 모두 홀수인 소수이고 10, 20, 30은 짝수인 것이지요. 그렇다면 이 정도에서 우리는 (짝수)=(홀수인 소수)+(홀수인 소수)라고 단정할 수 있을까요? 정말 그럴까 하는 의문과 함께 그 증거가 될 수 있는 예들을 더 찾아보게 됩니다. 함께 확인해 볼까요?

$$6=3+3$$

$$10=3+7$$

$$12=5+7$$

$$16=3+13=5+11$$

지금까지는 모두 (짝수)=(홀수인 소수)+(홀수인 소수)였으니 30도 그렇게 될 것이다라는 추측을 증명해보도록 합시다.

$$30=7+23=11+19=13+17$$

따라서 30에서도 (짝수)=(홀수인 소수)+(홀수인 소수)라는 추측이 확실하게 증명되는 것을 볼 수 있습니다. 그러나 이것은 어디까지 몇 가지 구체적인 사례에서 증명되는 경우이기 때문에 언제든지 반례가 나타나면 그 다음부터는 그 효용성이 없어지는 지식이므로 항상 불안정한 채로 남아 있게 됩니다.

이와 같이 특수한 예들을 통하여 일반적인 법칙을 찾아내는 것을 귀납이라고 하고, 이런 방법으로 증명해가는 것을 귀납적 증명이라고 합니다.

자, 그럼 연역으로 넘어가 볼까요? 앞에서 설명한 귀납과는 달리 연역의 경우는 이미 알고 있는 지식에 근거하여 논리적인 규칙에 따라 필연적인 결론을 이끌어내는 것을 말합니다. 또한 일반적인 사실에서부터 이를 특수한 예를 들어가며 설명하는 것을 연역법 또는 연역적 증명 방법이라고 합니다. 추론에 의한 귀납이 불안정하므로 수학에서는 증명을 하고자 할 때에는 주로 연역적 증명을 합니다. 앞에서 공부했던 지동설을 예로 들어 연역의 방법으로 설명해 보도록 하겠습니다.

여기서 잠깐 앞에서 했던 말을 되새겨 봅시다. 지동설에 대한 증거를 하나하나 수집하여 참이라고 증명하는 것은 귀납적인 방법입니다. 또 어떤 귀납적인 방법에 의해 진실이라고 믿어졌던 천동설에 대해 반례를 하나하나 찾아가며 천동설이 참이 아니라 거짓이라는 것을 증명해 나가면 이는 바로 연역적인 방법에 의한 증명이 됩니다. 이와 같이 구체적인 반례를 통하여 결론이 거짓이라는 것을 증명해 가는 것도 연역적 증명 방법 중에 하나입니다.

또 다른 연역적인 증명 방법을 살펴보도록 하겠습니다. 마찬가지로 앞에서 설명한 지동설의 예를 통하여 알아봅시다. 지동설에 의해 지구는 태양이 중심이 되어 공전하고 있다는 것은 진리입니다. 또한 지구의 주변을 달이 공전하고 있습니다. 그렇다면 지구가 태양의 주변을 공전하고 달이 지구의 주변을 공전하고 있으므로 결론적으로 지구의 위성인 달도 태양의 주변을 공전한다고 할 수 있지요. 바로 'A이면 B이다. B이면 C이다. 그러므로 A이면 C이다.'와 같이 이미 알려진 진리를 전제로 하여 필연적인 결론을 이끌어가는 삼단논법도 연역적인 증명 방법입니다. 아주 흔한 예로 '모든 사람은 죽는다. 소크라테스는 사람이다. 그러므로 소크라테스는 죽는다.' 라는 삼단 논법이 있습니다.

이 외에도 참으로 이끌어내야 할 결론을 먼저 부정해 놓고 시작하여 모순을 이끌어 내는 방법에 의해 명제가 참임을 증명하는 방법귀류법, 그리고 순차적으로 증명해 나가는 한 방법으로

먼저 첫 번째 항이 참이고, 임의의 항이 참이라는 가정 아래 그 다음 항도 참이 될 때 모든 자연수에 대해 참이 됨을 주장하는 증명 방법수학적 귀납법 등이 있습니다.

연역적 증명이란 실험이나 경험에 의해 따져가는 방법이 아니라 이미 알고 있는 옳은 사실이나 밝혀진 성질들을 이용하여 논리적으로 어떤 명제가 참임을 증명해 가는 것을 말합니다. 가정이 있고 이를 통하여 결론이 참임을 증명하려 할 때에 그 증거 자료로 제시되는 것들이 바로 정의, 기본 성질, 이미 증명된 정리가 되는 것입니다.

그럼 이번에는 수학자로 유명한 피타고라스의 정리를 통하여 연역적 증명 방법을 조금 더 이해해 보도록 합시다. 기억해 두어야 합니다. 연역적 증명에서는 참임을 증명하기 위해 충분한 증거 자료가 제시되어야 한다는 사실을요. 피타고라스의 정리는 바로 '직각삼각형에서 빗변의 길이의 제곱은 다른 두 변의 길이 각각의 제곱의 합과 같다'는 것입니다. 이 피타고라스의 정리를 연역적인 증명 방법으로 증명해 갈 때 어떠한 증거 자료들이 제시되고 있는지 생각해 보면서 살펴봅시다.

문제1

직각삼각형 ABC에서 ∠C=90°일 때, $a^2+b^2=c^2$임을 증명하시오.

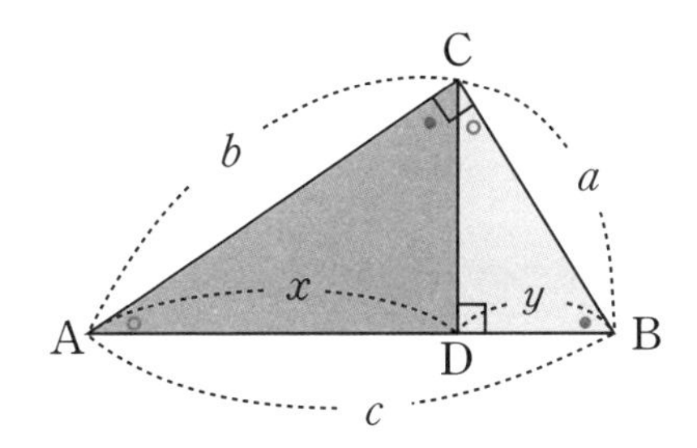

① ∠ACB는 90°입니다.

② 꼭짓점 C에서 변 AB에 대해 수선의 발 D를 내리면 선분 CD와 선분 AB는 직교하므로 ∠ADC가 90°입니다.

③ ∠A는 공통, ∠ACB=∠ADC=90°이므로 삼각형 ABC와 삼각형 ACD는 닮음입니다.

④ 두 삼각형이 닮음일 때 대응변의 비가 일정하게 되므로

$b : c = x : b$ 이고,

$b^2 = x \times c$ 입니다.

⑤ $\angle$B는 공통, $\angle$ACB$=\angle$CDB$=90^\circ$이므로 삼각형 ABC 와 삼각형 CBD는 닮음입니다.

⑥ 두 삼각형이 닮음일 때 대응변의 비가 일정하게 되므로

$$a : c = y : a \text{이고,}$$

$$a^2 = y \times c \text{입니다.}$$

⑦ ④와 ⑥에 의해 $a^2+b^2=x\times c+y\times c=(x+y)\times c=c^2$ 이므로 $a^2+b^2=c^2$입니다.

어때요? 따라오다 보면 고개가 끄덕여지지요? 위의 연역적 증명 과정을 살펴보면 먼저 가정은 '직각삼각형 ABC에서 $\angle$C$=90^\circ$이다' 이고 결론 '$a^2+b^2=c^2$이다' 가 참임을 증명합니다.

①은 직각삼각형의 정의, ②는 수선의 성질, ③④⑤⑥은 닮음의 정의와 성질입니다. 이들을 이용하여 정당하게 ⑦에 이르게 되고, 이로써 결론이 참임이 증명됩니다.

피타고라스의 정리를 위와 같이 연역적인 방법에 의해 증명하지 않고 귀납적인 방법에 의해 증명을 하려고 하면, 수많은 직각삼각형의 빗변과 다른 두 선분의 길이를 각각 재어보아 결론인 $a^2+b^2=c^2$ 이 참임을 증명해야 하므로, 시간도 많이 걸리고 '혹시' 그렇지 않은 것이 나타날 것 같은 불길한 예감이 남아 있게 됩니다. 그러나 연역적 증명을 하기 위해서는 많은 정의와 정리 그리고 성질 등 참이라고 인정받은 것들을 풍부하게 알고 있어야 한다는 단점이 있습니다. 이러한 증거 자료들을 충분히 입수하지 못하면 오히려 많은 시간이 걸릴 수도 있고 실수하여 증명을 해

내지 못할 수도 있습니다. 그래서 그런지 많은 학생들이 이 연역적 증명 방법을 어려워하고 부담감을 느끼고 있습니다.

위에서 살펴본 바에 의하면 연역적으로 증명되면 귀납적으로 증명된 것과는 달리 반례가 나타나지 않습니다. 그러나 증명은 인간이 하는 것인지라 증명에 잘못이 있을 수도 있습니다. 라카토스가 증명을 '사고실험' 이라고 했고, 수학적 지식도 언젠가 거짓으로 판명될 수도 있는 추측에 불과하다고 주장한 것도 이러한 이유 때문입니다. 수학자가 증명을 했는데 수백 년 지나서 증명에 잘못이 드러나기도 하고, 정리에서조차 당시에는 알지 못하던 반례가 나중에 나타나기도 하는 것을 보면 '증명에는 허점이 없고 반례를 찾을 수 없다' 는 주장은 잘못이라고 할 수 있습니다.

증명이란 많은 사람을 설득해 내는 것이므로 어느 것에 더 정당성을 부여할 수 있는지를 생각해 보도록 합시다. 1년에 2000가지 이상의 증명들이 학계에 발표되고 있습니다. 그러나 그중에서 진정한 증명으로 인정되는 것은 아주 소수에 불과합니다. 각자 자기 나름대로의 증거 자료를 가지고 증명했기 때문에 각각은 연역적 증명을 했다고 볼 수 있지만, 저명한 수학자들이 검

토하는 과정에서 오류를 발견해 냅니다.

조금 이야기가 무거워졌네요. 보다 쉬운 예를 하나 들어보도록 하겠습니다. 나는 도형을 아주 좋아하는데요. 그런 의미에서 귀납과 연역의 차이를 삼각형 내각 크기의 합을 가지고 한 번 더 정리를 해서 설명해 보도록 하겠습니다.

귀납의 경우는 여러 가지 모양의 삼각형의 세 내각을 각도기로 재어 그 합을 구하여 봅니다.

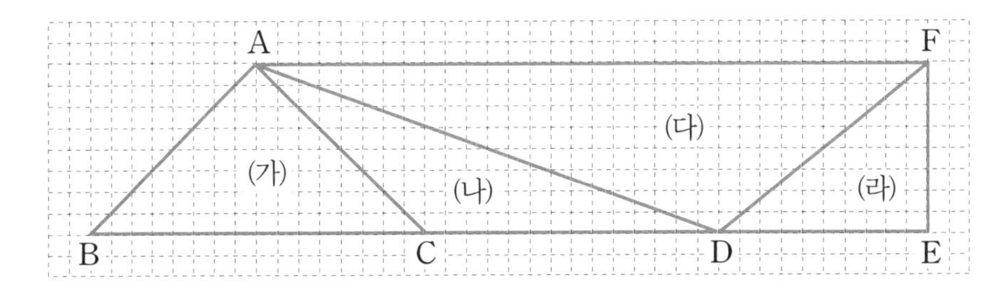

위 그림에서 삼각형 (가), (나), (다), (라) 모두 내각의 합이 180°라는 것을 알 수 있습니다. 조금 커보이는 삼각형 ABD도 삼각형 ABC와 마찬가지로 내각 크기의 합이 180°라는 것으로 '모든 삼각형 내각 크기의 합은 180°' 라고 결론을 내리면 이는 귀납에 의한 증명 방법이라고 하겠습니다. 이와 같은 증명 방법은 바로 발견과도 같습니다. 시작은 하나의 사실에 대한 발견뿐

일 수 있으나 여러 삼각형에서 모두 성립하므로 참이 아니냐는 많은 구체적인 사례들로 그 정당성을 주장해 간다면 이것은 귀납적인 증명으로 인정받을 수 있을 것입니다.

그럼 이번에는 삼각형 내각 크기의 합을 연역적으로 증명해 볼까요? 연역적 증명은 일반적인 명제를 특수한 예에 적용시켜서 일반적인 명제가 참이므로 여기에서 도출되는 특수한 예도 당연히 참임을 증명하는 방식입니다. 삼각형 내각 크기의 합이 180° 임을 증명하기 위해 일반적인 명제인 평행선과 동위각의 관계 그리고 평행선과 엇각의 관계를 생각해야 합니다.

첫째, 평행선과 동위각에는 '평행선과 다른 한 직선이 만날 때 동위각의 크기는 같다. 그리고 두 직선이 다른 한 직선과 만날 때 동위각의 크기가 같으면 그 두 직선은 평행이다' 의 관계가 있습니다.

둘째, 평행선과 엇각에서도 '평행선과 다른 한 직선이 만날 때, 엇각의 크기는 같다. 그리고 두 직선이 다른 한 직선과 만날 때, 엇각의 크기가 같으면 두 직선은 평행이다' 의 관계가 있습니다.

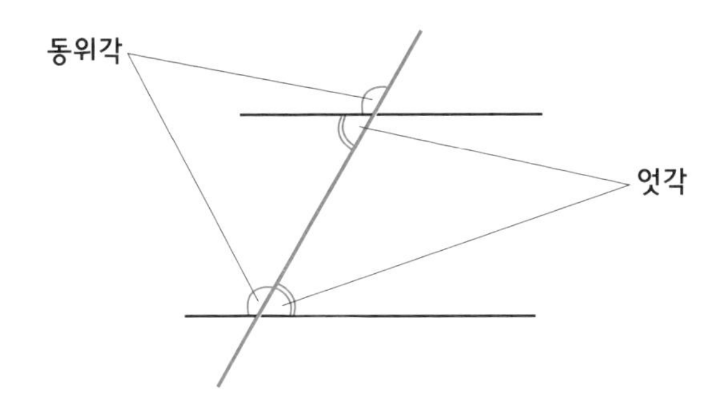

문제2

임의의 삼각형 내각 크기의 합은 180°임을 증명해 보시오.

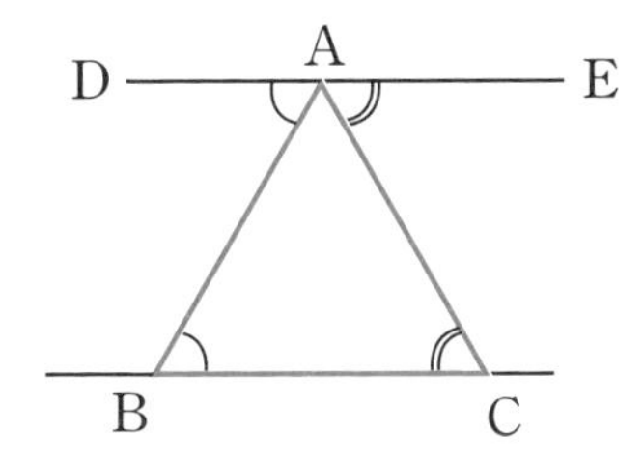

① 꼭짓점A을 지나고 선분BC와 평행인 선분DE를 그립니다.

② 평행선과 엇각의 관계에 의해

$\angle ACB = \angle EAC$ (엇각)

$\angle ABC = \angle DAB$ (엇각)

③ $\angle EAC + \angle BAC + \angle DAB = 180°$입니다.

④ 따라서 삼각형 내각 크기의 합은 180°입니다.

이와 같이 삼각형 내각 크기의 합이 180°임을 증명할 수 있습니다.

귀납적 증명과 연역적 증명의 차이를 이해할 수 있었나요?

잊지 마세요. 증명이란 상대방을 설득하기 위해 하는 것이라는 것을, 그러니까 타당해야 하며 반드시 근거가 있어야 하는 것이랍니다. 또한 귀납적 증명은 여러 가지 예를 통해서 설득하는 것이므로 반례가 나타날 수 있지만, 연역적 증명은 참이거나 참으로 인정된 사실로부터 논리적으로 추론하는 것이므로 반례가 나타나지 않는다는 것도 기억하세요.

그럼 다음 시간에 만나요.

첫 번째 수업 정리

1. 구체적인 사례들을 통하여 일반적인 법칙을 찾아내는 것을 귀납이라고 하고 이런 방법으로 증명해가는 것을 귀납적 증명이라고 합니다.

2. 연역은 이미 알고 있는 참인 지식에 근거하여 논리적인 규칙에 따라 필연적인 결론을 이끌어내는 것을 말합니다. 또한 일반적인 사실에서부터 이를 특수한 예를 들어가며 설명하는 것을 연역법 또는 연역적 증명이라고 할 수 있습니다.

3. 명제란 참 또는 거짓이 명확히 구분되는 문장 혹은 수식을 말하며, 증명된 명제 중에서 기본이 되는 것을 정리라고 합니다.

수열의 귀납적 정의

수열과 수열의 귀납적 정의가 무엇인지 알아봅시다.

두 번째 학습 목표

1. 수열이 무엇인지 이해한다.
2. 수열의 귀납적 정의가 무엇인지 이해한다.

미리 알면 좋아요

1. **수열**이란, 어떤 일정한 규칙에 따라 차례로 얻어진 수들을 순서적으로 나열한 것입니다.

2. **일반항**은 수열을 정의할 때 n번째 항입니다. 수열을 일반항으로 나타내면 $\{a_n\}$입니다.

3. **유한 수열**은 항의 개수가 유한인 수열이고, 예를 들면 수열 $\{a_n\}$이 1, 2, 3, 4, 5인 경우입니다.

4. **무한 수열**은 항의 개수가 무한인 수열로, 예를 들면 수열 $\{a_n\}$이 1, 3, 5, 7, ⋯, a_k, ⋯인 경우입니다.

지난 시간에는 증명의 종류에 대해 알아봤어요. 귀납적으로 증명하는 것과 연역적으로 증명하는 것입니다. 다시 정리해 보면 귀납적으로 증명하는 것은 실험이나 경험에 의해 차츰 옳다는 것을 증명하는 것이 있었지요. 그러니까 구체적인 예들을 가지고 일반적인 명제가 참이라고 이끌어내는 것입니다. 연역적 증명이란 실험이나 경험에 의해 따져가는 방법이 아니라, 이미 알고 있는 옳은 사실이나 밝혀진 성질들을 이용하여 논리적으로 어떤 명제가 참임을 증명하는 것을 말합니다. 연역적 증명 방법에는 예를 제시하는 방법과 삼단 논법에 의한 방법, 결론을 아니다라고 부정하고 시작하는 방법, 그리고 어떤 하나가 참이면 그 다음에 오는 것도 참이 된다라고 증명하는 방법 등 여러 가지 방법이 있습니다.

지난 시간에 공부한 것들을 잘 이해해 두세요. 자, 지금부터 오늘 수업을 시작하겠습니다. 먼저 수업을 위한 준비가 필요해요. 그렇다고 긴장하지는 마세요. 특별한 것은 없고요. 모두 체육복을 입고 운동장에 나가도록 합시다.

자자, 어서 줄을 서 봐요? 어떻게 줄을 서면 좋을까요? 키 순서? 번호 순서? 그래요. 그럼 일단 키 순서대로 서기로 하지요. 한 줄로 서야 해요. 다 섰으면 번호를 붙여 볼까요?

그래요, 잘 했어요. 오늘 우리 친구들이 마음이 잘 맞나보네요. 척척 잘 맞는 것을 보니……. 자신이 선 자리에 각각 수를 붙일 수 있지요. 이렇게 해서 우리는 오늘 키 순서대로 1부터 32까지 모두 일렬로 서 보았습니다.

혹시 여러분 수열이라는 말을 들어본 적 있나요? 수열을 영어로 나타내면 sequence라고 해요. 영어 시간은 아니지만 그 의미를 정확하게 하려면 그 단어의 뜻을 정확하게 알아야 한답니다. 일반적인 sequence의 의미는 '잇달아 일어나는 것' 또는

'무엇인가 연속으로 있는 것'을 의미합니다. 수학에서의 sequence는 무엇을 의미할까요? 그래요. 수열數列이라는 말로 사용하고 있습니다. 이런 여기서 또 한 가지 한문을 짚고 넘어가야겠네요. 수열이란 수數들이 열列을 지어 있다는 말이 되겠지요.

다시 말해서 수열이란, 수들이 어떤 규칙에 의해 자연수 1, 2, 3, 4, 5,… 각각에 대응하도록 배열되어 있는 수의 열이라고 풀이할 수 있습니다.

이렇게 이해하니까 그렇게 어렵지 않지요? 여러분들은 어떤 물건들이 아무렇게 놓여 있는 것을 좋아하나요? 그렇지 않을 거예요. 사람들은 수들이 아무렇게나 놓여 있는 것보다는 어떤 규칙에 따라 질서정연하게 놓여 있는 것을 좋아한답니다.

초등학교 때 여러 가지 문제에서 다양한 해결방법 찾기를 공부한 생각이 납니까? 그때 풀이 방법으로 표를 이용하여 나타냈던 적이 있을 것입니다. 도화지를 반씩 접어갈 때 10번 접으면 몇 개의 선이 나타날까요?

실제로 종이를 접으면서 해결을 해보도록 할까요?

나타나는 선을 어떻게 정리할 수 있을까요? 표를 이용해서 정리하면 깔끔하고 좋겠네요. 자, 그럼 표를 그려 정리하여 봅시다. 위의 줄은 이름을 '접은 횟수'로 하고 아래 줄은 접었을 때 '나타나는 선의 수'라고 써 봅시다. 표를 그릴 때에는 이와 같이 분류를 먼저 해주는 것이 좋습니다. 그리고 각각의 접은 횟수와 나타나는 선의 수를 차근차근 채워나갑니다.

접은 횟수	1	2	3	4	5	6	7	8	9	10
나타나는 선의 수	1	3	7	15	31	?	?	?	?	?

위의 표와 같이 1, 2, 3, 4,… 에 대해 각각의 대응하는 수 1, 3, 7, 15,…로 정리할 수 있네요. 이런! 6번째부터는 직접 접기가 쉽지 않네요. 손가락 끝이 아프기도 하고. 앞으로 어떻게 하죠? 10번까지 종이를 접는 것은 무리인 것 같습니다. 그렇다면 우리는 어떻게 해야 할까요? 마법사에게 접어달라고 할까요? 그럴 수야 없죠. 일단 위와 같이 각각의 자연수에 대하여 수들이 짝을 이루는 것을 일대일 대응이라고 합니다. 자연수 하나에 대해 단 하나의 짝을 갖는다는 것입니다. 이러한 수들의 집합을

우리는 수열이라 한다고 했으니 위의 표들에 나타난 수들은 바로 수열이 되는 것입니다. 어때요? 알고 보니 수열이란 지금 우리가 배우게 되는 전혀 새로운 말이 아니라는 것을 알겠죠? 언젠가 내가 어른들을 가르칠 기회가 있어서 수업을 하고 있다가 이렇게 물었어요.

"수열을 언제 배웠는지 기억이 나십니까?"

그랬더니 모두 다 이렇게 말했습니다.

"고등학교 수학 시간에 배웠어요."

수열의 의미를 정확하게 안다면 결코 그렇게 대답하지는 않았을 것입니다.

어느 날 참신이라는 아이가 유치원에 다녀오더니 이렇게 말했어요.

"파스칼 아저씨. 옆집에 제동이라고 하는 형이 이사왔어요. 제동이 형은 저보다 두 살 많아요. 새해가 밝으면 저는 6살이 되고요. 제동이 형은 8살이 돼요. 제가 7살이 되면 제동이 형은 9살이 되고 제가 8살이 되면 제동이 형은 10살이 돼요. 우와, 열 살이다. 그럼 내가 10살이 되면 제동이 형은 12살이네요."

5살인 참신이가 제동이 형과 자기의 나이를 비교하면서 차근차근 말했어요. 이건 실제로 있었던 일입니다. 이때 참신이가 말하는 것도 수열인 것이지요. 단지 참신이에게 '그것이 수열이라고 하는 거야' 라고 알려주지 않았을 뿐입니다.

그럼 지금까지 수열에 대하여 공부했는데 과연 어른들은 수열을 언제 공부했을까요? 그래요. 위의 참신이의 예에서 알 수 있듯이 우리가 일부러 공부하지 않아도 어렸을 때부터 이미 알고 있었습니다. 그런데 참 이상하죠? 수열이라는 근사한 한문으로 된 용어를 쓰고 나니 뭔가 색다른 것 같지 않나요? 수학에는 우리가 아주 어렸을 때부터 그러니까 학교를 다니기 전부터 이미 스스로 생활 속에서 터득해서 알고 있는 것들이 많이 있답니다. 이런 것들을 잘 정리해서 수학책이 나왔는지도 모르죠. 그런데 이상하게도 수학책에 있는 것들은 전혀 새로운 나라의 새로운 언어처럼 들리니 참 신기하지요? 그러니까 이제부터는 새로운 것들이 나와도 겁먹지 말아요. 잘 들여다보고 잘 생각해보면 내가 언젠가부터 알고 있던 것들과 닮은 곳이 있을 거예요. 닮아 있는 것들을 우리 안에서 찾아내면 그때부터 아주 쉬워지는 것입니다. 나는 학생들이 점점 수학을 두려워하고 싫어하게 되어가는 것이 너무나 안타까워요. 수학이란 아주 자연스러운 것이고 항상 우리 주변에 있는 것들인데 말입니다.

이런! 문제를 풀다가 삼천포로 빠졌네요. 다시 문제 해결로 돌아가 볼까요? 앞에서와 같이 표를 만들어 채워 나가다 보면 이제 더 이상 접어서 선을 찾을 수 없기 때문에 다른 방법을 찾아야 한다는 생각이 들 것입니다. 바로 그 안에 숨어 있는 열쇠를 찾아내야 한답니다. 무엇이 있을까요? 여러 가지 열쇠가 있겠지만 모두 다 맞는 것은 아니겠지요? 일대일 대응이 되어 있는 수들 사이의 규칙을 생각하여 봅시다. 바로 그것이 여러분에게 소중한 열쇠가 되어 줄 것입니다. 규칙이 보이나요? 2에 대응하는 수 3에서 1에 대응하는 수 1을 빼봅시다. '2' 가 나오네요. 일단 표 아래에 이렇게 붉은 펜으로 써 넣도록 합시다. 다음으로 3에 대응하는 수 7에서 2에 대응하는 수 3을 빼면 '4', 4에 대응하는 수 15에서 3에 대응하는 수 7을 뺐더니 '8' 이 나왔습니다. 어, 점점 뭔가 보이는 것 같은데요. 아무래도 2의 거듭 제곱 수가 나오는 것 같지 않습니까?

확신을 갖기 위해 그 다음 수를 예상해보고 표에서 나타나는 결과와 비교해 봅시다. 그 다음 수는 2^4이니까 그 차가 16인 수가 되겠군요. 직접 확인해 볼까요? 5에 대응하는 수 31에서 4에 대응하는 수 15를 뺐더니 정말 차가 16이 되었습니다. 그렇다면 차의 규칙이 2의 거듭제곱이 되는가 봅니다.

접은 횟수	1	2	3	4	5	6	7	8	9	10
나타나는 선의 수	1	3	7	15	31	?	?	?	?	?

2 4 8 16

이제부터는 점점 작아져가는 종이를 애써 접지 않고서도 10번 접었을 때 나타나는 선의 개수를 알 수 있겠지요? 다음 빈칸을 채워볼까요? 어때요. 우리의 예상이 맞았네요. 만약에 여러분이 도화지를 10번 접으려고 했다면 정말 힘들고, 불가능했을 것 같네요.

접은 횟수	1	2	3	4	5	6	7	8	9	10
나타나는 선의 수	1	3	7	15	31	63	127	255	511	1023

위의 표와 같이 한 칸 한 칸 채워가면서 그 값을 구할 수도 있지만, 만약에 그 규칙을 이용해 식을 세워서 해결한다면 보다

짧은 시간에 답을 구할 수 있을 거예요. 바로 '대응식'을 구하는 것입니다.

접은 횟수	1	2	3	4	5	6	7	8	9	10
나타나는 선의 수	1	3	7	15	31	…				
관계식	2^1-1	2^2-1	2^3-1	2^4-1	2^5-1	…				

위의 표에서 얻어진 것을 식으로 나타내면 $2^{\text{접은 수}}-1$로 나타낼 수 있습니다. 초등학교에서는 지수 표현을 배우지 않기 때문에 2를 접은 횟수만큼 곱한 것에서 1을 뺀 것으로 나타내지만 중학교부터는 임의의 자연수인 n에 대하여 2^n-1로 나타낼 수 있겠지요. 여기에 나타나는 2^n-1이 바로 위 수열{1, 3, 7, 15,…}의 일반항이 되는 것입니다.

위에서 공부한 내용을 다시 정리해 보도록 하겠습니다. 자연수 1, 2, 3, 4, 5,… 각각에 대응하여 나열한 수를 아래와 같이 나타낼 수 있습니다.

1에 대응하는 수 : a_1

2에 대응하는 수 : a_2

3에 대응하는 수 : a_3

4에 대응하는 수 : a_4

5에 대응하는 수 : a_5

⋮

그리고 차례대로 제1항, 제2항, 제3항, 제4항, 제5항, …이라 합니다.

그럼 n번째의 항은 어떻게 나타낼 수 있을까요? 여기에서 n이라는 것은 임의의 어떤 항을 가리키는 거예요. 예를 들어 100번째항을 나타내고 싶으면 a_{100}으로 나타내면 되겠지요? 따라서 n번째항은 바로 a_n이 되고 이 수열을 $\{a_n\}(n=1, 2, 3, \cdots)$ 으로 나타낼 수 있답니다.

우리가 알고 있는 자연수도 바로 수열이에요. 자연수는 1, 2, 3, 4, 5,…이죠? 그래서 n번째 항은 $a_n=n$이라고 나타낼 수 있어요. 짝수의 경우는 2, 4, 6, 8,…, $2n$,…이구요. n번째 항은 $a_n=2n$입니다. 홀수의 경우는 1, 3, 5, 7, 9,…, $2n-1$,…이죠? 따라서 n번째 항은 $a_n=2n-1$입니다. 앞에서 공부한 것도 위와 같이 일반항을 구하면 $a_n=2^n-1$입니다.

좋아요, 아주 잘했어요!

접은 수	1	2	3	4	5	6	7	8	9	10
나타나는 선의 수	1	3	7	15	31	63	127	255	511	1023

그렇다면 $a_1=1$, $a_{n+1}=a_n+4$로 정의된 수열 $\{a_n\}$는 어떤 수열입니까? 이런 경우 $a_1=1$이므로 다음과 같이 나타납니다.

$$a_2=1+4=5$$
$$a_3=5+4=9$$
$$a_4=9+4=13$$
$$\vdots$$

$\{a_n\}=\{1, 5, 9, 13, \cdots\}$ 이므로 $a_n=4(n-1)+1$입니다.

이와 같이 수열 $\{a_n\}$에서 이웃하는 몇 개의 항 사이의 관계식과 처음 항이 주어지면 수열 $\{a_n\}$의 모든 항을 알 수 있습니다. 우리는 이것을 수열의 귀납적 정의라고 합니다. 그리고 그 관계식을 점화식이라 하고 점화식과 첫째항을 통하여 일반항을 구하게 됩니다.

다음 시간에는 수열의 귀납적 정의에 의한 일반항 구하기를 공부해 보도록 하겠습니다.

두 번째
수업 정리

1 n번째 항은 바로 a_n이 되고 이 수열을 $\{a_n\}(n=1, 2, 3, \cdots)$으로 나타낼 수 있습니다.

2 수열 $\{a_n\}$에서 이웃하는 몇 개의 항 사이의 관계식과 첫째항이 주어지면 수열 $\{a_n\}$의 모든 항을 알 수 있습니다. 우리는 이것을 수열의 귀납적 정의라고 합니다. 그리고 그 관계식을 점화식이라고 하고 그 점화식과 첫째항을 통하여 일반항을 구하게 됩니다.

귀납적 정의로 표현된 수열의 일반항 구하기

등비수열과 등차수열을 알고 있나요?
다양한 수열을 통해서 귀납적 정의를 이해해 봅시다.

세 번째 학습 목표

1. 수열의 귀납적 정의를 이해하고 다양한 문제 해결을 통하여 깊이 있게 공부합니다.

미리 알면 좋아요

1. 등차수열이란 어떤 수에 차례로 일정한 수를 더하여 얻어지는 수열을 말합니다. 이때 더해지는 일정한 수를 공차라고 합니다. 예를 들면, 수열 $2, 4, 6, 8, \cdots$의 경우는 첫째항이 2이고 공차가 2인 등차수열입니다.

2. 등비수열이란 어떤 수에 차례로 일정한 수를 곱하여 얻어지는 수열을 말합니다. 이때 곱해 주는 일정한 수를 공비라고 합니다. 예를 들면, 수열 $1, 2, 4, 8, 16, \cdots$의 경우 첫째항이 1이고 공비가 2인 등비수열입니다.

지난 시간에 공부한 수열의 귀납적 정의를 이번 시간에는 여러 가지 문제를 풀어보면서 정리해 보도록 하겠습니다. 어려울 거라고 미리 겁먹지 말구요. '친절한 파스칼'을 따라오면 금새 이해가 될 것입니다.

먼저 수열의 귀납적 정의란 무엇인지 복습하기로 합시다. 수열의 귀납적 정의는 수열 $\{a_n\}$을 첫째항의 수와 이웃하는 항 사이의 관계식을 통하여 정의 내리는 것을 말하고, 주어진 관계식, 즉 점화식을 이용하여 일반항을 구하게 됩니다.

일반적으로 수열의 귀납적 정의에 의해 일반항을 구하는 문제는 다음과 같습니다.

다음 조건을 만족하는 수열 $\{a_n\}$의 일반항을 구하시오.

혹은

수열 $\{a_n\}$이 다음의 조건을 만족시킬 때 a_n을 구하시오.

그리고 조건으로 첫 번째 항과 이웃하는 두 항의 관계식이 주어지는 것입니다. 수열의 귀납적 정의에 의해 수열 $\{a_n\}$의 일반항을 구하는 문제의 유형을 파악했나요? 이제부터 본격적으로 귀납적 정의로 표현된 수열 $\{a_n\}$의 일반항을 구하는 연습에 들어가 보도록 합시다.

문제1

수열 $\{a_n\}$이 다음의 조건을 만족시킬 때 a_n을 구하여 보시오.

$$a_1=3,\ a_{n+1}=a_n+4n,\ (n=1,\ 2,\ 3,\ \cdots)$$

$a_1=3$이라고 문제에 주어져 있구요.

$a_{n+1}=a_n+4n$에 $n=1, 2, 3, \cdots$을 대입하여 봅니다.

$$
\begin{aligned}
a_2&=3+4=7\\
a_3&=7+8=15\\
a_4&=15+12=27\\
a_5&=27+16=43\\
&\vdots
\end{aligned}
$$

$\{a_n\}=\{3, 7, 15, 27, 43, \cdots\}$ 입니다. 이 수열에서 항의 차를 순서대로 구하면 $\{4, 8, 12, 16, \cdots\}$입니다.

$$
\begin{aligned}
a_1&=3\\
a_2&=3+4=7 \quad (4)\\
a_3&=7+8=15 \quad (8)\\
a_4&=15+12=27 \quad (12)\\
a_5&=27+16=43 \quad (16)\\
&\vdots
\end{aligned}
$$

뭔가 규칙이 보이지 않나요? '4, 8, 12, 16,⋯'는 모두 4의 배수임을 알 수 있습니다. 따라서 4와 관계된 식으로 일반항이 나올 것이라는 예상을 할 수 있습니다.

$$a_1=3$$
$$a_2=3+4\times1=7$$
$$a_3=3+4\times1+4\times2=15$$
$$a_4=3+4\times1+4\times2+4\times3=27$$
$$a_5=3+4\times1+4\times2+4\times3+4\times4=43$$
$$\vdots$$

그렇다면 다음과 같이 됩니다.

$$a_n=3+4\times1+4\times2+4\times3+4\times4+\cdots+4\times(n-1)$$

마지막에 $n-1$이 되는 이유는 이해가 되나요?

첫째항 $a_1=3+4\times0$이므로, 마지막 항은 n이 아니라 $n-1$이 되겠지요.

$$a_n=3+4(1+2+3+4\cdots+(n-1))$$

우리 친구들은 $1+2+3+\cdots+n=\frac{n(n+1)}{2}$★라는 사실을 알고 있을 것입니다. 여기서는 $n-1$까지만 더하면 되므로 $\frac{(n-1)n}{2}$이 되겠지요. 다시 식을 정리해 보면 다음과 같습니다.

$$a_n=3+4\times\frac{(n-1)n}{2}=3+2(n^2-n)=2n^2-2n+3$$

이와 같이 일반항이 귀납적으로 정의가 되고 나면, 이제부터는 일일이 하나 하나 열거해 가지 않고서도 특정 항의 값을 찾을 수 있게 됩니다. 예를 들어 위의 수열에서 '73번째 항은 무엇입니까' 라는 질문에 대해, 73번째 항까지 나열해서 찾으려고 하면 얼마나 시간이 많이 걸리겠습니까? 수학하는 사람들은 그렇게 비효율적인 상황을 못 참거든요. 찾아진 일반항에 n대신에 73을 대입하면 금방 찾을 수 있습니다.

$$a_{73}=2\times73^2-2\times73+3=10515$$

알아두면 좋아요!

$$\star\ 1+2+3+\cdots+n=\frac{n(n+1)}{2}\ (n\text{은 자연수})$$

① 10까지의 합으로 단순화해서 생각해 봅시다.

$$\begin{array}{r} 1+2+3+4+5+6+7+8+9+10 \\ +)\ 10+9+8+7+6+5+4+3+2+1 \\ \hline \underbrace{11+11+11+11+11+11+11+11+11+11} \end{array}$$

11×10(1부터 10까지를 두 번 더한 결과이므로)

이를 2로 나누어 → $\frac{(1+10)\times 10}{2}=\frac{(\text{초항}+\text{마지막 항})\times(\text{곱해지는 항의 개수})}{2}$

② 100까지의 합을 구해 봅시다.

$$\begin{array}{r} 1+\ 2+\ 3+\cdots+98+99+100 \\ +)\ 100+99+98+\cdots+3+2+1 \\ \hline \underbrace{101+101+101+\cdots+101+101+101} \end{array}$$

101×100(1부터 100까지를 두 번 더한 결과이므로)

이를 2로 나누어 → $\frac{(1+100)\times 100}{2}$가 됩니다.

③ n까지의 합으로 생각해 볼까요?

$$\begin{array}{r} 1+\ 2+\ 3+\cdots+(n-2)+(n-1)+n \\ +)\ n+(n-1)+(n-2)+\cdots+3+2+1 \\ \hline \underbrace{(n+1)+(n+1)+(n+1)+\cdots+(n+1)+(n+1)+(n+1)} \end{array}$$

$(n+1)\times n$ (1부터 n까지를 두 번 더한 결과이므로)

이를 2로 나누어 →1부터 n까지의 합은 $\frac{n(n+1)}{2}$가 됩니다.

다음의 예를 살펴볼까요?

문제2

수열 $\{a_n\}$을 다음과 같이 정의할 때, 일반항 a_n을 구하시오.

$$a_1=2,\ \ a_2=3,\ \ a_{n+2}-3a_{n+1}+2a_n=0(n\geq 1)$$

수열의 귀납적 정의에서 첫 항과 이웃하는 두 항의 관계식 즉 점화식을 알아야 한다고 했는데, 이 식에는 두 항의 관계식이 아닌 세 항의 관계식이 나와 있군요. 어떻게 하면 좋을까요? 맞아요. 위의 주어진 식을 우리가 알고 있는 식으로 바꾸려는 노력이 필요합니다.

$$a_{n+2}-3a_{n+1}+2a_n=0(n\geq 1)$$

주어진 식을 이웃하는 두 항의 관계식으로 변화시켜 봅시다.

$$a_{n+2}-a_{n+1}-2a_{n+1}+2a_n=0$$

$$a_{n+2}-a_{n+1}-2(a_{n+1}-a_n)=0$$

$$a_{n+2}-a_{n+1}=2(a_{n+1}-a_n)$$

이번에는 앞에서 했던 방법과 같이 $n=1, 2, 3, \cdots$을 대입하여 봅시다.

$n=1$ 일 때, $a_3-a_2=2(a_2-a_1)=2\times1$

$n=2$ 일 때, $a_4-a_3=2(a_3-a_2)=2(2(a_2-a_1))=2^2\times1$

$n=3$ 일 때, $a_5-a_4=2(a_4-a_3)=2(2(2(a_2-a_1)))=2^3\times1$

$\vdots$

n일 때, $a_{n+2}-a_{n+1}=2(a_{n+1}-a_n)=2^n\times1$

$$\underbrace{a_1, \quad a_2}_{1}, \underbrace{\quad a_2, \quad a_3}_{2}, \underbrace{\quad a_3, \quad a_4}_{2^2}, \quad \cdots, \underbrace{\quad a_n}_{2^{n-2}}, \underbrace{\quad a_n, \quad a_{n+1}}_{2^{n-1}}, \underbrace{\quad a_{n+1}, \quad a_{n+2}}_{2^n}$$

따라서 $a_n=a_1+(2^0+2^1+2^2+\cdots+2^{n-2})$입니다. ---------①

$2^0+2^1+2^2+\cdots+2^{n-2}$부분을 어디서 본 적 있나요? 수열을 공부할 때에 등비수열이라는 게 있었어요. 첫 번째 항이 1이고 공

비가 2인 수열의 합입니다. 그래서 위의 식을 아래와 같이 쓸 수 있습니다.

$$a_n = a_1 + \sum_{k=1}^{n-1} 1 \times 2^{k-1} = 2 + \frac{2^{n-1}-1}{2-1} = 2^{n-1}+1 \quad \text{--------- ②}$$

$\sum$기호가 나와서 조금 어려워 보였나요? $\sum$는 Sum을 의미하는 것으로 시그마Sigma라고 읽습니다.

S자를 늘여 놓은 것처럼 보이지 않나요? 단지 ①식에서 나오는 $2^0+2^1+2^2+\cdots+2^{n-2}$부분을 정리해서 쓴 것뿐입니다. 혹시 잘 이해가 안 되는 친구들은 수열부분의 등비수열과 등차수열, 그리고 조화수열에 대해 다시 한 번 확인을 해보면 더 많이 도움이 될 것 같습니다.

내가 여러분에게 설명하고 싶었던 것은 바로 수열 $\{a_n\}$의 일반항을 정의하고 싶을 때 귀납적으로 정의하는 방법이었습니다. 정리해보면 수열 $\{a_n\}$을 귀납적으로 정의를 하고 싶을 때 필요한 것은 첫 번째 항과 이웃하는 두 항 사이의 관계식입니다. 이 두 항 사이의 관계식을 점화식이라고 합니다.

사실 점화식의 유형에는 여러 가지가 있고 그 유형에 따라 일반항을 구하는 방법도 다릅니다. 이외에 어떤 유형들이 있는지 궁금하지요? 그렇다고 선생님이 모든 유형의 문제를 다 풀어줄 수는 없잖아요? 보다 자세한 내용은 시간을 내서 보다 많은 문제를 해결해 보면서 알아가기로 하고 여기서는 이 정도에서 이번 시간을 마치도록 하겠습니다. 무엇보다도 중요한 것은 스스로 더 알려고 하는 노력이라고 생각합니다.

세 번째 수업 정리

1. 수열의 귀납적 정의는 수열 $\{a_n\}$을 첫째항의 수와 이웃하는 항 사이의 관계식을 통하여 정의 내리는 것을 말하고 주어진 관계식, 즉 점화식을 이용하여 일반항을 구하게 됩니다.

2. $\sum$는 Sum을 의미하는 것으로 항의 합을 의미하며 시그마 Sigma라고 읽습니다.

수학적 귀납법

수학적 귀납법의 원리를 이해했나요?

수학적 귀납법을 이용하여 참인 명제를 증명해 봅시다.

네 번째 학습 목표

1. 수학적 귀납법의 원리를 이해합니다.
2. 수학적 귀납법을 이용하여 자연수에 관하여 참인 명제를 증명할 수 있습니다.

미리 알면 좋아요

1. 무정의 용어 정의하지 않고 사용하는 용어를 말합니다. 예를 들면 점 · 선 · 면과 같은 용어들이 있습니다.

2. 공리公理 공리는 참인 것으로 가정된 명제를 뜻합니다. 보통은 다른 명제를 증명하기 위한 기본적인 사실로 사용됩니다. 유클리드는 '아주 명백하다고 생각되는 명제들' 중 기하학에서 특유한 것을 공준, 그리고 그보다 일반적인 것을 공리라고 불렀다고 합니다.

지난 시간에는 수열의 귀납적 정의를 공부했지요? 수열의 귀납적 정의는 우리가 흔히 말하는 귀납법과는 다르다는 것을 알았을 거예요. 수학적 귀납법은 첫 번째 시간에 귀납적 증명과 연역적 증명 중 바로 연역적 증명에 해당하는 것입니다.

귀납적 증명과 연역적 증명의 차이가 무엇이었나요? 귀납적 증명은 구체적인 사실에서부터 일반적인 사실을 이끌어낸다고 했습니다. 즉 관찰과 실험을 통하여 알게 되는 공통점들을 이끌어 내어 일반적인 사실로서의 결론을 이끌어 간다는 것이지요.

이에 반해 연역적인 증명은 보다 일반적인 사실에서부터 출발한다는 출발점이 다릅니다. 가정이 있고 이에 따른 결론이 참인가를 증명하고자 할 때 증거 자료로서 이미 증명으로 참임이 인정된 사실들을 이용합니다. 첫 번째 시간에 공부했듯이 바로 삼각형 내각 크기의 합이 두 직각임을 증명할 경우에는 일반적인 정리인 평행선과 엇각 그리고 동위각의 관계를 증거 자료로 제시하면서 결론이 참임을 증명합니다.

초등학교에서 규칙 찾기 활동을 많이 해보았을 거예요. 자연수의 덧셈에 관한 문제를 접하면 어김없이 등장하는 사람이 있지요? 바로 수학에서 많은 기여를 한 가우스입니다. 가우스라는 수학 신동이 발견한 방법인 $1+2+3+\cdots+n=\frac{(n+1)n}{2}$ 라는 식을 본 적이 있을 것입니다.

이것을 귀납적인 방법으로 해결한다면 $n=1$, $n=2$, $n=3$, $\cdots$, $n=10$을 대입해 가면서 확인하면 되지만 언젠가 반대가 나타나지 않을까하는 불안감을 가지게 됩니다.

이 식은 $n=1000$일 때도 과연 성립하는 것일까? $n=1000000$일 때도 성립하는 것일까? 따라서 이와 같이 구체적인 예를 하나하나 대입해서 확인하는 방법은 결론이 맞다는 것을 확인할 수는 있지만 엄밀히 말해 증명이라고 하기는 어렵습니다.

이와 같이 귀납법이 확신할 수 없는 결과를 가져온다면 우리는 어떻게 해야 할까요? 맞아요. 앞에서 설명한 바와 같이 연역법으로 그 누구도 반대할 수 없는 증명을 해줘야 한다는 것입니다.

연역적의 증명 중 귀납법과 아주 비슷한 것이 있어요. 방법이 비슷하다는 것이 아니라, 이름이 비슷하다는 것입니다. 바로 '수학적 귀납법' 이라는 것입니다. 언뜻 보면 귀납법인 것 같지만 수학적 귀납법은 귀납적 증명 방법이 아니라 연역적 증명 방법이라는 점에 주의해야 합니다. 흔히 사람들은 수학적 귀납법을 내가 만들어 낸 것으로 생각하고 있습니다. 내가 다음 시간에 설명하게 될 파스칼의 삼각형에서 이 수학적 증명법을 이용하여 많은 것을 찾아내게 되었거든요. 그런데 실상은 드 모르간이라는 사람이 수학적 귀납법이라는 용어를 처음 사용했다고 합니다. 드 모르간이 누구인지 아세요? 맞아요. 바로 집합에서 드 모르간의 정리라고 하는 것 들어봤지요? 바로 그 유명한 수학자인 드 모르간입니다. 드 모르간이 그의 논문 '귀납Induction' 에서 우연하게 '수학적 귀납법' 이라는 용어를 사용했다고 하네요. 그런데 이러한 용어의 사용이 그 이름을 널리 쓰이게 하는 데에 결정적인 영향을 미치게 되었답니다. 사실 '수학적 귀납법' 에 의한 증명 방법은 드 모르간의 논문에 처음으로 등장한 것은 아닙니다. 실제로 수학적 귀납법이라는 용어가 사용되기 훨씬 이전부터 수학적 귀납법이 하나의 증명 방법으로 많은 수학자들에 의해 사용되었다고 합니다.

수학적 귀납법이 하나의 증명 방법으로 쓰였다는 몇 가지 증거들을 잠시 살펴보고 보다 자세한 설명으로 들어가 볼까요? 유클리드라는 수학자에 대해 알고 있지요? BC 300년경 그리스의 유명한 수학자입니다. 그분도 이와 비슷한 방법으로 가장 큰 소수[1]는 존재하지 않는다는 것을 증명했다고 합니다. 또 이탈리아의 수학자인 프란체스코 마로리코 Francesco Maurolico도 증명 과정에서 n에서 성립하면 $n+1$에서도 성립한다는 논증에 초점을 두고 증명을 한 예가 있습니다.

[1] 소수 1과 자기 자신 이외에는 약수를 갖지 않는 수

명제) 처음 n개의 홀수의 합은 n번째 제곱수와 같다.

제곱수라 함은 1, 4, 9, 16, 25,…와 같은 수를 말하지요. 그 사례를 한번 살펴볼까요?

처음 1개의 홀수의 합은 첫 번째 제곱수인 1이 됩니다. 처음

두 개의 홀수를 더하면 두 번째 제곱수인 4가 됩니다. 마찬가지로 처음 3개의 홀수를 더하면 세 번째 제곱수인 9가 되지요. 이렇게 무한히 계속하면 앞의 명제는 반복적 적용에 의해 증명됩니다.

$$1=1$$
$$1+3=4$$
$$1+3+5=9$$
$$1+3+5+7=16$$
$$1+3+5+7+9=25$$
$$\vdots$$

나도 바로 이 수학적 증명 방법을 파스칼의 삼각형으로 알려진 산술 삼각형 안의 인수들을 찾는 과정에서 여러 번 사용했습니다. 드 모르간이 우연하게 자신의 논문 끝부분에서 잠깐 수학적 귀납법에 대해 언급했지만, 나는 1로부터 차례로 생성되는 자연수열의 기본 성질에 초점을 두고 무한 집합인 자연수에 대해 기초적인 수학적 귀납법을 반복적으로 사용했습니다. 이 때문에 모두들 수학적 귀납법을 수학에 처음으로 도입한 사람이 바로 나라고 인정하게 된 것입니다. 이제 수학적 귀납법이라는 용어 자체가 어떻게 생겨나게 되었는지 이해하겠지요? 그럼 지금부터 과연 수학적 귀납법이란 무엇인지 차근차근 살펴보기로 하지요.

〈로봇〉이라는 영화를 보았나요? 주인공인 로봇의 이름이 로드니인데요. 어린 로드니가 로봇 발명가라는 꿈을 이루기 위해 빅웰드 사장을 찾아가는 장면이 있습니다. 그런데 빅웰드는 보이지 않고 업그레이드 부품을 생산해서 강제적으로 사도록 하는 라챗이라는 로봇이 경영을 하고 있었고 이로 인해 많은 로봇들이 자기 몸을 수리하는 부품을 얻는 데에 어려움을 겪게 되고 이에 대처하기 위해 로드니가 빅웰드 사장을 찾아 나서게 됩니다. 빅웰드를 찾기 위해 빅웰드 사장의 방에 들어섰을 때 도미노가 방 가득히 놓여 있는 광경을 목격하게 됩니다. 도미노가 넘어지는 장면을 본 적 있나요? 예전에 텔레비전의 어느 페인트 회사의 광고에서 도미노가 넘어짐에 따라 보여지는 세상이 매우 아름다워서 강한 인상으로 남았는데요. 이 영화에 나오는 도미노의 장면도 아주 명장면입니다.

이 도미노의 원리를 생각하면서 이해하면 수학적 귀납법이 조금 더 쉽게 이해가 될 것 같군요. 도미노를 잘 넘어뜨리기 위해서는 무엇보다도 첫 번째의 도미노 조각을 잘 넘어뜨려야 합니다. 50번째의 것이 잘 넘어지려면 49번째까지 연속적으로 잘 넘어져서 와야겠지요? 그리고 50번째의 도미노 조각이 잘 넘어졌다면 당연히 51번째의 도미노도 잘 넘어질 것이라고 가정할 수 있겠지요? 물론 모든 도미노들은 규칙에 맞게 잘 놓여 있다는 가정에서 말입니다.

이런 식으로 무한히 많은 도미노 조각을 생각해 볼 수 있을 것입니다. 무한이라는 것은 몇 개인지 셀 수가 없지요. 그래서 단정하기 어렵게 됩니다. 그런데 앞의 몇 개의 사실에서도 알 수 있듯이 첫 번째 도미노 조각이 잘 넘어가고 바로 앞의 도미노까지만 잘 넘어간다면 몇 번째가 되는지는 모르겠지만, 바로 그 다음, 또 그 다음, … , 그리고… 마지막의 도미노도 잘 넘어진다는 것을 확신할 수 있겠지요.

위에서 설명한 내용을 잘 정리해 보도록 하겠습니다.

1) 첫 번째의 도미노 조각이 잘 넘어진다.

2) n번째까지의 도미노 조각이 잘 넘어진다면, $n+1$번째 도미노 조각도 잘 넘어질 것이다.

위의 사실을 바탕으로 하여 수학적 귀납법을 정의해보도록 하겠습니다. 수학적 귀납법은 자연수 n과 관련된 명제 $p(n)$이 모든 자연수에 대해 성립한다는 것을 증명하는 방법으로 다음의 두 가지가 성립함을 보이면 됩니다.

중요 포인트

1) $p(1)$이 성립한다.

2) $p(n)$이 성립하면, $p(n+1)$도 성립한다.

어때요? 위의 도미노의 예에서 보는 것과 아주 유사하지요?

이해를 돕기 위해 다른 예를 들어볼까요? 인류의 아주 훌륭한 발명품인 지퍼를 생각해 봅시다. 이 지퍼는 시카고의 한 발명가인 저트슨이라는 사람이 만들었습니다. 저트슨은 무려 19년에 걸쳐서 지퍼를 만들었지요. 그러나 군화에 사용하기 위해 만들어진 지퍼는 인기를 얻지 못해서 저트슨은 절망에 빠졌지요. 그런데 어느 양복점 주인이 지퍼 만드는 기계를 구입해서 지금과 같이 옷에 지퍼를 달게 되었다고 하는군요. 지퍼의 유래는 이쯤 다루기로 하구요.

지퍼에 수학적 귀납법의 원리를 적용해 볼까요? 아마도 여러분은 지퍼 때문에 당황했던 적이 많을 것입니다. 나도 가방의 지퍼가 잠기지 않아 비 오는 날에 아주 곤란했던 적이 있습니다. 그리고 아주 흔한 경험으로 화장실에 다녀온 후에 뭔가 걸려서 닫히지 않는 옷의 지퍼는 정말 곤란합니다. 위에서 잠깐 살펴본 도미노와 마찬가지로 지퍼가 일정한 규칙에 의해 만들어져 있고 하나하나 이상이 없는 한 이 지퍼도 첫 번째의 지퍼가 잘 닫힌다면 그 다음 지퍼는 잘 닫힐 것이고 두 번째의 지퍼가 잘 닫힌다고 가정하면 세 번째의 지퍼도 잘 닫힐 것입니다. 바로 앞까지의 지퍼가 잘 닫힌다면 그 다음의 지퍼도 잘 닫힐 거라고 확신할 수 있습니다. 즉 n번째의 지퍼가 잘 닫힌다고 가정하면 그 다음의 지퍼인 $n+1$번째도 잘 닫힌다고 확신할 수 있는 것입니다.

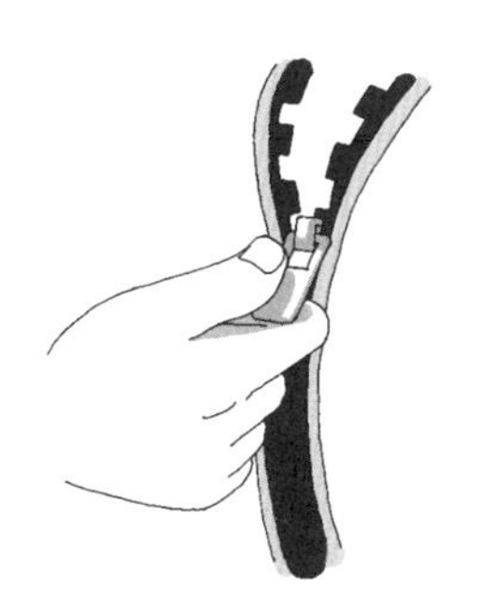

또 볼링장의 핀을 한번 생각해 볼까요? 멋지게 워킹을 하여 공을 굴렸을 때 가운데 핀이 원하는 방향으로 잘 넘어져 주기만 한다면 그 영향으로 앞에서 살펴본 도미노의 원리로 하나하나 넘어져 스트라이크를 칠 수 있게 됩니다. 그리고 모두의 환호성이 들리겠지요.

수학적 귀납법은 자연수의 성질을 추상화한 페아노Peano가 만든 페아노Peano의 공리에 그 바탕을 두고 있다고 합니다. 그의 이름을 피아노라고 발음하는 사람도 있는데요. 페아노라고 발음을 하는 것이 더 좋을 듯하군요. 본명은 주제페 페아노

Giuseppe Peano이구요. 이탈리아의 유명한 수학자랍니다. 화이트헤드와 러셀의 유명한 책인 〈수학의 원리principle of mathematica〉에서 1+1=2라는 사실을 증명하기 위해 바로 이 페아노의 공리체계를 이용했다고 합니다. 그들은 1+1=2라는 사실을 왜 증명했을까요? 누가 봐도 분명한 것 같은데 말입니다. 그들의 책에 따르면 수학의 가장 근본인 1+1=2를 증명해야 모든 것들이 성립한다고 말할 수 있다고 합니다. 아무튼 나중에 관심 있는 학생들은 한번 찾아보도록 해요.

페아노는 5개의 공리를 발표했습니다. 공리가 무엇일까요? 공리란 '증명하지 않고 옳다고 인정하는 명제' 입니다. 공리 외에도 정의하지 않고 사용하는 용어가 필요합니다. 이것을 '무정의 용어' 라고 합니다. 페아노는 무정의 용어로 "1, 다음 수 x의 다음 수는 x^+, ℕ자연수의 집합"을 사용하고 있습니다. 여기서 잠깐 자연수의 집합을 ℕ이라고 표현하는 것은 자연수가 영어로 'Natural number'라고 쓰는데 'Natural'의 ℕ을 따서 자연수의 집합을 표시한답니다.

중요 포인트

공리1) $1 \in \mathbb{N}$

1은 자연수이다.

공리2) $x \in \mathbb{N} \Rightarrow x^{+} \in \mathbb{N}$

모든 자연수 n은 그 다음 수를 갖는다.

공리3) $x \in \mathbb{N} \Rightarrow x^{+} \neq 1$

1은 어떤 자연수의 그 다음 수도 아니다. 즉 모든 자연수 n에 대해 $1 \neq n^{+}$이다.

공리4) $x, y \in \mathbb{N}$, $x^{+} = y^{+} \Rightarrow x = y$

두 자연수의 그 다음 수들이 같다면, 원래의 두 수는 같다. 즉 $a^{+} = b^{+}$이면 $a = b$이다.

공리5) $\mathrm{M} \subset \mathbb{N}$에 대해 $1 \in \mathrm{M}$, $x \in \mathrm{M} \Rightarrow x^{+} \in \mathrm{M}$이면 $\mathrm{M} = \mathbb{N}$이다.

어떤 자연수들의 집합이 1을 포함하고, 그 집합의 모든 원소에 대해 그 다음 수를 포함하면, 그 집합은 자연수 전체의 집합이다.

위 페아노의 5가지 공리 체계 중에서 수학적 귀납법과 직접 관련이 있는 5번째 공리를 살펴보도록 하겠습니다.

중요 포인트

$M \subset \mathbb{N}$(자연수의 집합)일 때, p(1)이 성립하므로 $1 \in M$이고 p(k)가 성립하면 p($k+1$)도 성립하므로 $x \in M \Rightarrow x^{+} \in M$입니다.

즉 공리 5를 모두 만족하므로 $M=\mathbb{N}$입니다.

따라서 p(n)은 모든 자연수에 대하여 성립합니다.

이런! 수학적 귀납법을 설명하려는 데 너무 거창하게 되어버렸네요. 그럼 위에서 잠깐 언급했던 가우스가 발견한 식을 수학적 귀납법으로 증명하면서 이번 시간에 공부한 내용을 정리해보도록 합시다.

$$1+2+3+\cdots+n=\frac{n(n+1)}{2}$$

1) $n=1$일 때, $1=\frac{1\times(1+1)}{2}$이므로 성립합니다.

2) $n=k$일 때 성립한다고 가정하면,

즉 $1+2+3+\cdots+k=\frac{k(k+1)}{2}$가 성립한다고 가정하고

$n=k+1$일 때 성립하는지를 증명합니다.

$$\begin{aligned}1+2+3+\cdots+k+(k+1)&=\frac{k(k+1)}{2}+(k+1)\\&=\frac{k(k+1)+2(k+1)}{2}\\&=\frac{k^2+3k+2}{2}\\&=\frac{(k+1)(k+2)}{2}\\&=\frac{(k+1)+\{(k+1)+1\}}{2}\end{aligned}$$

따라서 $n=k+1$일 때도 성립하므로, 수학적 귀납법에 의해 이 명제는 모든 자연수에 대해 성립한다고 할 수 있습니다. 꼭 이해해 두세요. 수학적 귀납법의 2단계입니다.

중요 포인트

1) $n=1$일 때 성립
2) $n=k$일 때 성립한다고 가정하고, $n=k+1$도 성립함을 보인다.

어때요? 이제 정리가 잘 되었나요? 더 많은 문제는 시간을 두고 천천히 확인해 보도록 합시다.

네 번째 수업 정리

1. 수학적 귀납법은 구체적 사례를 통하여 증명하는 귀납적 증명 방법이 아니라, 참인 보다 일반적인 명제들을 전제로 하여 증명하는 연역적 증명 방법입니다.

2. 수학적 귀납법의 2단계를 꼭 알아둡시다.

첫 번째, $n=1$일 때 성립한다.
두 번째, 임의의 자연수 k에 대하여 $n=k$일 때 성립한다고 가정하고, $n=k+1$일 때도 성립함을 보인다.

파스칼의 삼각형과 수학적 귀납법

파스칼의 삼각형은 무엇인가요?

파스칼의 삼각형 안에 숨겨진 수열을 증명해봅시다.

1. 파스칼의 삼각형이 무엇인지 알아보고 그 안에서 수열을 찾아봅니다.
2. 파스칼의 삼각형에서 찾은 수열에 관한 성질을 수학적 귀납법을 이용하여 증명합니다.

미리 알면 좋아요

1. **경우의 수** 한 시행試行에서 어떤 사건이 일어나는 경우가 모두 k 종류 있을 때, 이 사건이 일어나는 경우의 수는 k라고 합니다. 예를 들어 1개의 동전을 던지면 결과는 앞면이나 뒷면 중 어떤 것이든 나오므로, 경우의 수는 2입니다.

2. **확률** 어떤 사건이 우연히 일어날 가능성을 수로 나타낸 것입니다. 예를 들어, 동전 한 개를 던졌을 때 나올 수 있는 경우의 수는 2이고 앞면이 나올 수 있는 경우의 수는 1이므로 동전을 한 개 던졌을 때 앞면이 나올 확률은 다음과 같습니다.

$$\frac{\text{앞면이 나오는 경우}}{\text{전체의 경우}}=\frac{1}{2}$$

3. **이항정리** 두 항의 합의 n제곱 전개 공식을 말합니다. 예를 들면 $n=2$일 때 다음과 같습니다.

$$(a+b)^2=(a+b)(a+b)=a^2+2ab+b^2$$

오늘 공부할 내용은 지금까지 공부한 수학적 귀납법과 파스칼의 삼각형이라고 알려진 것입니다. 아마도 초등학교 책에서 '규칙 찾기'를 하면서 '빈 자리에 수 넣기'를 해보았을 것입니다. 기억이 나는지 모르겠네요. 파스칼의 삼각형은 원래 《수삼각형론數三角形論》과 그에 따르는 논문에서 썼던 것입니다. 바로 이 논문이 내가 수학적 귀납법과 인연을 맺게 된 중요한 계기가 되었답니다. 지난 시간에도 잠깐 설명을 했지만, 수학적 귀납법은 나 이전에도 많은 수학자들이 하나의 증명 방법으로 많이 사용하고 있었어요. '이것을 수학적 귀납법이라고 한다.'와 같이 명시적으로 표현하지는 않았지만요. 나는 논문을 쓸 때 이 수학적 귀납법이라는 용어도 사용하였고 기초적인 증명 방법을 사용하여 삼각형 안의 수들을 증명해 내었답니다. 이에 대해 자세한 것들은 논문에 실려 있기는 합니다만, 그렇다고 내 논문을 다 읽을 필요는 없어요. 여기서 내가 언급하고 싶은 것은 바로 파스칼의 삼각형이니까요. 그 부분에만 주목하기로 하겠습니다. 그리고 내가 그 삼각형을 직접 만들어 낸 것은 아니랍니다.

오른쪽 사진은 바로 중국 문헌에 남아 있는 삼각형입니다. 어때요? 여러분이 수학 시간에 파스칼의 삼각형이라고 봐오던 것과 아주 유사하지요.

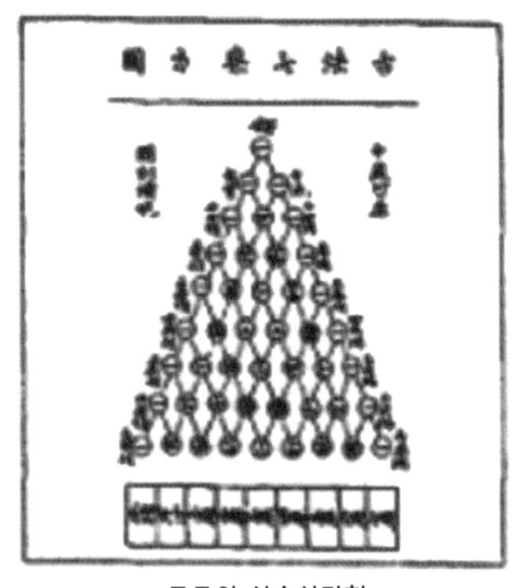

중국의 산술삼각형

이러한 삼각형은 13~15세기 중국과 아라비아에서 나의 것과 아주 유사한 것들이 이미 발견되었고 16세기 서유럽의 여러 수학자들의 책에서도 등장합니다. 내가 이 논문을 발표한 것이 1665년이니까 나보다 훨씬 이전에 파스칼의 삼각형과 동일한 구조를 가지고 있는 삼각형에 대해서는 알려져 있었다는 것이지요. 원래 중국의 유명한 《구장산술》에 나왔던 것을 보고 내가 여러 가지 방법으로 확장해서 생각하게 되었습니다. 오해 없기를 바랍니다. 여러 가지 성질을 찾아낸 나에게 그 영예가 돌아온 것 같습니다. 모든 지식은 어느 날 갑자기 생긴 것들이 아니랍니다. 지금 여러분의 주위에도 아마 여러분의 이름이 붙어져서 후세에 길이 남게 될 것들이 아직 많이 남아 있을지도 모릅니다. 주위를 세심하게 살필 줄 아는 안목이 중요하답니다.

사설이 너무 길었나요? 자 이제부터 파스칼의 삼각형 안에 숨어 있는 비밀들을 하나하나 밝혀보도록 합시다. 아래의 삼각형을 한번 살펴봅시다. 바로 파스칼의 삼각형입니다. 맨 위쪽 수열부터 0행, 1행, 2행, 3행, …, 이렇게 이름을 붙인답니다.

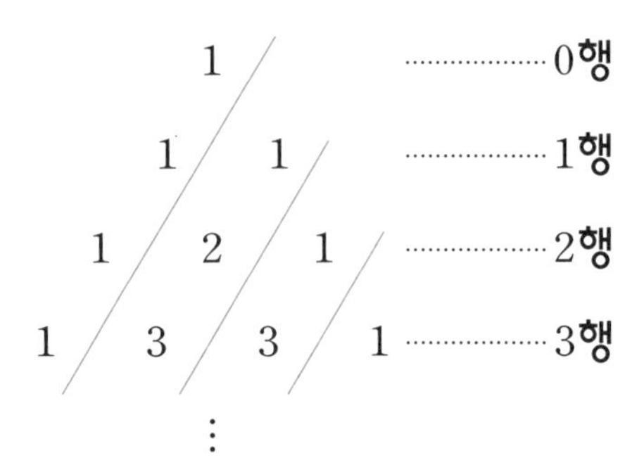

먼저 위의 파스칼의 삼각형을 자세히 살펴봅시다. 어떤 원리

로 만들어 가는 것인지 이해할 수 있겠습니까? 각 행에서 가장 오른쪽 수와 가장 왼쪽 수에는 1을 모두 쓰고, 그 가운데 수들 각각은 그 위 행의 인접하는 두 수를 합한 결과로 만들어집니다. 예를 들어 2행을 살펴보면 왼쪽과 오른쪽에 1을 쓰고 가운데 2는 위의 1과 1을 합한 값으로 생겨난 것입니다. 3행을 살펴보면 가장 왼쪽과 오른쪽에 1을 쓰고 가운데에는 1+2의 결과인 3 그리고 2+1의 결과인 3을 써서 3행이 완성이 되었습니다. 그렇다면 4행부터는 여러분이 한번 만들어 볼까요?

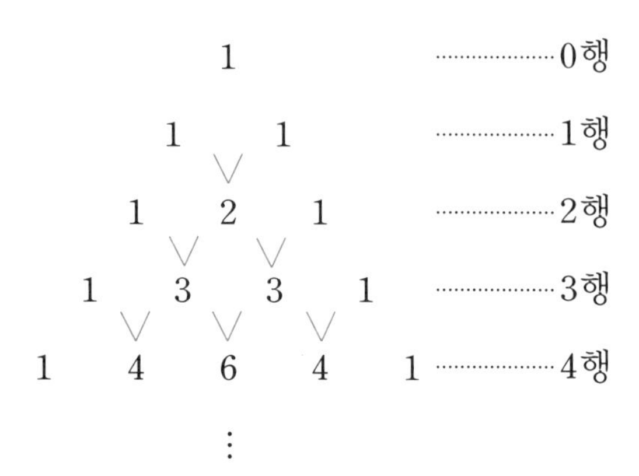

네, 아주 잘 만들었어요. 규칙을 생각하면 아주 쉽게 파스칼의 삼각형을 만들 수 있답니다. 가장 왼쪽의 1 다음에 오는 수들을 한번 살펴봅시다. 바로 무한 집합인 자연수가 등장하고 있습니다.

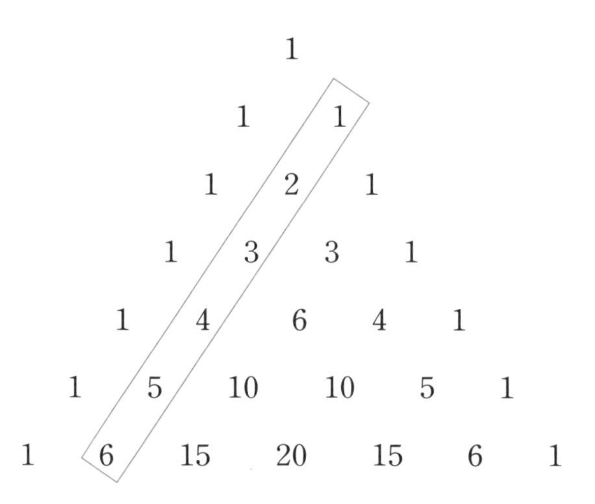

자연수의 수열은 실제로 무한히 찾을 수 있기 때문에 하나하나 수열을 찾아가는 것보다는 앞에서 설명한 수학적 귀납법으로 증명하면 보다 분명해집니다.

첫 번째로, $n=1$일 때 성립하는지 봅시다.

$$a_1=1$$

위의 식은 성립하므로 참입니다.

두 번째로, $n=k$일 때 성립한다고 가정하면, $n=k+1$일 때도 성립한다는 것을 증명해 봅시다. $n=k$일 때 성립한다는 것은 아래의 식이 성립한다는 의미입니다.

$$a_k=k$$

a_{k+1}은 규칙에 따라 위의 행의 좌우에 있는 1과 a_k의 합입니다. 그러므로 다음과 같습니다.

$$a_{k+1}=1+a_k=1+k$$

따라서 $n=k+1$일 때도 성립하므로 모든 자연수에 대해 $a_n=n$이 성립합니다.

이번에는 자연수의 합을 생각해 봅시다.

11까지의 자연수의 합은 얼마일까요? $(n+1)\times n \div 2$의 식에 넣어 보면 간단히 $12\times 11\div 2=66$임을 알 수 있습니다. 이 값을 파스칼의 삼각형에서 확인해 보도록 합시다.

1
1 1
1 2 1
1 3 3 1
1 4 6 4 1
1 5 10 10 5 1
1 6 15 20 15 6 1
1 7 21 35 35 21 7 1
1 8 28 56 70 56 28 8 1
1 9 36 84 126 126 84 36 9 1
1 10 45 …
1 11 55 …
1 12 (66) …
⋮

66은 12행의 세 번째에 있습니다. 즉 1에서 11까지의 자연수의 합은 12행의 세 번째 수가 되는 것입니다. 왜 그런지 이유를 생각해 보세요. 파스칼의 삼각형의 원리를 생각하면 알 수 있습니다. 1행부터 잘 살펴보면 가장 왼쪽에는 1이, 그리고 각 행의 두 번째는 1씩 늘어나는 자연수아래 그림의 ①가 있습니다. 그리고 각 행의 세 번째에는 1부터 그 바로 윗행의 두 번째수까지의 합아래 그림의 ②이 적혀 있는 것을 알 수 있습니다. 그러므로 11까지의 합은 그 다음 행의 세 번째 즉 12행의 세 번째에 위치하게 됩니다.

1 1① 1행

1 2 1② 2행

1 3 3 1 .... 3행

1 4 6 4 1 .... 4행

1 5 10 10 5 1 ... 5행

⋮

이제 2열에 있는 수들에 대해서 좀 더 자세히 살펴봅시다.

1, 3, 6, 10,⋯, 어디서 본 듯한 느낌이 들지 않나요? 네 맞아요. 여러분들은 삼각수라는 것을 들어 보았을 것입니다.

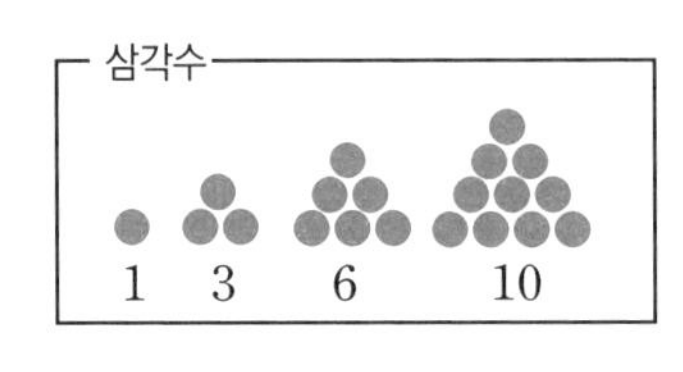

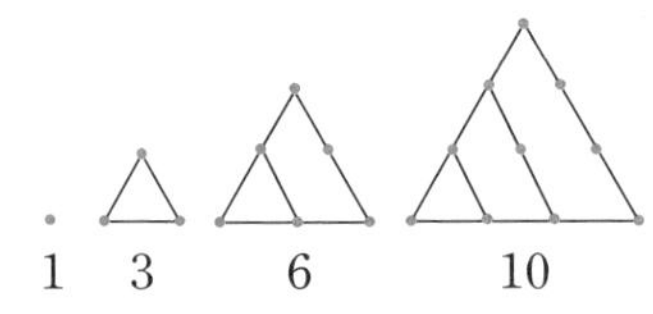

이 수들을 파스칼의 삼각형에서 만들어지는 과정에 따라 써 봅시다.

$$a_1=1$$

$$a_2=a_1+2=1+2$$

$$a_3=a_2+3=1+2+3$$

$$a_4=a_3+4=1+2+3+4$$

$$\vdots$$

$$a_n=a_{n-1}+n=1+2+3+\cdots+n=\frac{n(n+1)}{2}$$

첫 번째, $n=1$일 때를 봅시다.

$$a_1=\frac{1(1+1)}{2}=1$$

위와 같이 분명히 성립합니다.

두 번째 단계로 임의의 자연수 k에 대하여 $n=k$일 때 성립한다고 가정해 봅시다. 그러면,

$$a_k=\frac{k(k+1)}{2}$$

이라 할 수 있지요.

이제 이것을 이용하여 세 번째로 $n=k+1$일 때를 살펴봅시다.

$$\begin{aligned} a_{k+1}=a_k+(k+1)&=\frac{k(k+1)}{2}+(k+1) \\ &=\frac{k(k+1)+(2k+2)}{2} \\ &=\frac{k^2+3k+2}{2}=\frac{(k+1)(k+2)}{2} \end{aligned}$$

위와 같이 $n=k+1$일 때도 성립함을 알 수 있습니다.

따라서 수학적 귀납법에 의해 모든 자연수 n에 대해서 성립합니다.

3번째 열의 수인 1, 4, 10, 20,…,라는 수열을 살펴봅시다.

이 경우에는 조금 복잡하기는 해요.

1, 4, 10, 20, …

3 6 10

첫 번째로 바로 그 차이를 구해서는 어떤 규칙을 찾기가 힘듭니다. 이런 경우에는 한 번 더 그 차이를 구해 봅니다. 이를 두 번째 계차를 구한다고 표현하기도 합니다.

1, 4, 10, 20, …

3 6 10

3 4

일반항이 $a_n=\dfrac{n(n+1)(n+2)}{2\times3}$ 입니다. 조금 내용이 어려워지는 듯하네요.

이 수들은 사면체 수라고 불립니다. 사면체 모양으로 배열할 수 있거든요. 다음 그림을 보면 사면체 수에 대해서 더 잘 이해할 수 있겠지요?

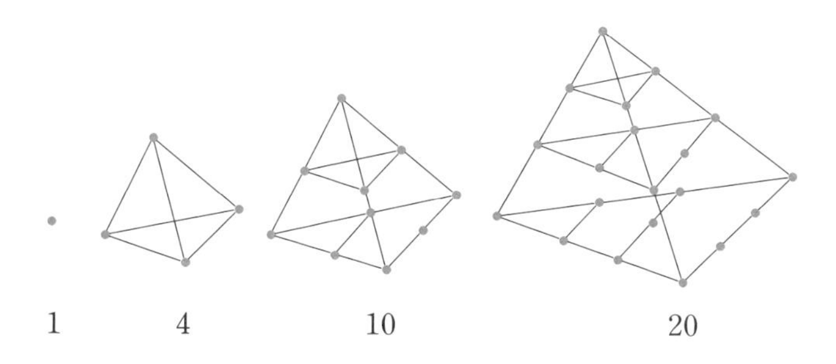

2, 3, 5, 7, 11행과 같은 소수 번째 행을 이루고 있는 수들을 살펴봅시다. 첫 번째 수와 마지막 수를 제외한 모든 수들은 그 소수의 배수가 된다는 것을 확인할 수 있습니다. 예를 들어 3번째 행을 살펴보면 3은 3의 배수이고, 5번째 행에서 5와 10은 5의 배수이고 7번째 행에서는 7, 21, 35가 모두 7의 배수임을 알 수 있습니다.

어때요? 재미있지 않아요? 또 다른 것들을 찾아볼까요?

각 행의 합을 살펴보면 모두 2의 거듭제곱수임을 알 수 있습니다.

$$1\text{행의 합}: 1+1=2^1$$

$$2\text{행의 합}: 1+2+1=2^2$$

$$3\text{행의 합}: 1+3+3+1=2^3$$

$$4\text{행의 합}: 1+4+6+4+1=2^4$$

$$5\text{행의 합}: 1+5+10+10+5+1=2^5$$

n행의 합은 뭐가 될까요? $a_n=2^n$이 되겠네요. 이번에는 이것을 한번 수학적 귀납법에 의해 증명을 해 볼까요?

첫 번째, $n=1$일 때 성립하는지 살펴봅시다.

$$a_1=1+1=2$$

의심의 여지가 없이 성립하네요.

두 번째, 임의의 자연수 k에 대하여 $n=k$일 때 성립한다고 가정합니다.

$$a_k=2^k$$

이제 이를 이용하여 $n=k+1$일 때 성립함을 보입니다.

$(k+1)$행에 있는 수들은 k행의 이웃한 두 수의 합으로 $(k+1)$행의 수의 합은 k행의 양끝에 있는 1을 제외한 모든 수를 두 번 더한 것에 $(k+1)$행의 양끝에 있는 1을 더한 것과 같습니다. 아래 숫자들을 이용하여 이해해 봅시다.

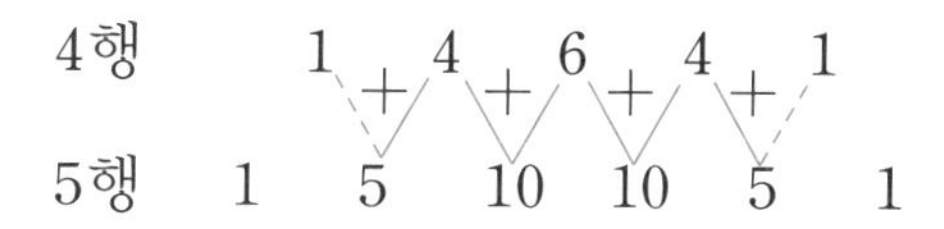

4, 6, 4는 각각 2번씩 더해짐, k행 양끝은 각각 1번씩 더해졌으나 5행 양끝에 각각 1이 있으므로,

5행의 수들의 합$=2\times$(4행의 수들의 합) 입니다.

따라서 $a_{k+1}=2\times$(k행의 수들의 합)$=2\times a_k=2\times 2^k=2^{(k+1)}$이므로 $n=k+1$일 때도 성립합니다.

따라서 수학적 귀납법에 따라 모든 자연수 n에 대해 이 성질이 성립한다고 할 수 있습니다. 증명하는 방법은 생각보다 간단하지요?

그런데 이렇게 간단한 것이 원소의 개수에 따른 부분 집합의 개수에도 다음 표와 같이 그대로 통한다고 하니 놀랄 일이 아닐 수 없습니다.

집합 A	원소의 개수에 따른 부분 집합의 개수						부분집합의 개수
	0	1	2	3	4	5	
ϕ	1						$1=2^0$
$\{a\}$	1	1					$2=2^1$
$\{a, b\}$	1	2	1				$4=2^2$
$\{a, b, c\}$	1	3	3	1			$8=2^3$
$\{a, b, c, d\}$	1	4	6	4	1		$16=2^4$
$\{a, b, c, d, e\}$	1	5	10	10	5	1	$32=2^5$

어때요? 재미있지요? 이쯤 되면 더 뭔가 있지 않을까 하는 의문이 들지 않나요? 내가 또 확률에서 조금 유명하답니다. 그 확률을 연구할 때도 바로 이 파스칼의 삼각형과 연결해서 했었답니다.

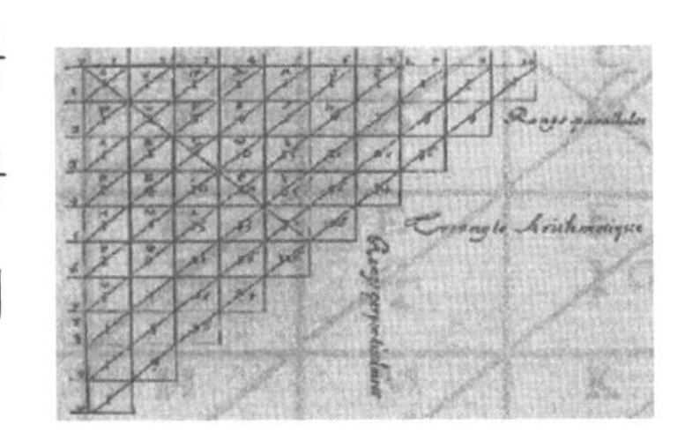

확률을 배우기 전에 먼저 경우의 수를 공부하게 되는데요, 동전 던지기 문제를 가장 많이 접하게 될 것입니다. 이 동전 던지기에서 얻어지는 경우의 수의 결과도 바로 이 파스칼의 삼각형

에 숨어 있답니다. 한번 확인해 보도록 합시다. 동전을 세 번 던졌을 때 나올 수 있는 경우의 수는 다음과 같습니다.

사건	가능한 결과	경우의 수	확률
앞면이 3개	앞앞앞	1	$\frac{1}{8}$
앞면이 2개	앞뒤앞, 뒤앞앞, 앞앞뒤	3	$\frac{3}{8}$
앞면이 1개	앞뒤뒤, 뒤뒤앞, 뒤앞뒤	3	$\frac{3}{8}$
앞면이 0개	뒤뒤뒤	1	$\frac{1}{8}$
합계		8	1

어때요? 각각의 경우의 수를 살펴보면 1, 3, 3, 1입니다. 파스칼의 삼각형의 제3행과 같은 결과가 나왔지요? 아직 믿음이 가질 않는다고요? 그럼 한 가지 더 해보도록 할까요? 이번에는 네 번 던졌을 때를 살펴보도록 합시다.

사건	가능한 결과	경우의 수	확률
앞면이 4개	앞앞앞앞	1	$\frac{1}{16}$
앞면이 3개	앞앞앞뒤, 앞앞뒤앞, 앞뒤앞앞, 뒤앞앞앞	4	$\frac{4}{16}$
앞면이 2개	앞앞뒤뒤, 앞뒤앞뒤, 뒤앞앞뒤, 앞뒤뒤앞, 뒤앞뒤앞, 뒤뒤앞앞	6	$\frac{6}{16}$
앞면이 1개	뒤뒤뒤앞, 뒤뒤앞뒤, 뒤앞뒤뒤, 앞뒤뒤뒤	4	$\frac{4}{16}$
앞면이 0개	뒤뒤뒤뒤	1	$\frac{1}{16}$
합계		16	1

각각의 경우의 수를 살펴보면 1, 4, 6, 4, 1입니다. 파스칼의 삼각형의 제4행과 같은 결과가 나왔지요? 그리고 위와 같은 방법으로 생각해서 수학자 중에 페르마의 마지막 정리로 유명한 페르마와 도박에 관한 이야기를 한 끝에 확률 이론이 정립하게 된 것입니다. 위의 동전의 앞뒤를 간단하게 A와 B라는 사람으로 바꾸어 생각하면 된답니다. 예를 들어 두 도박사가 게임을 할 때에 3판 2승제였는데 한 번만 하고 그만둘 경우를 생각해 봅시다. 이미 A가 한 번 이겼는데, 판돈을 어떻게 나누어야 할까요? A가 모두 가져가야 한다는 사람도 있었고, 승부가 결정되지 않았기 때문에 똑같이 나누자는 사람도 있었고, A가 한 번 더 이기

거나 B가 두 번 더 이기면 승패가 결정되므로 2:1로 나누어 가져야 한다는 사람도 있었습니다. 여러분은 어떻게 생각하세요?

드 메레라는 사람이 이 문제를 해결하지 못해서 나에게 풀어달라고 하였습니다. 많은 고민을 했었지요. 그러다가 남은 게임을 계속한다면 어떻게 될 것인지를 생각해 보았지요. 앞으로 두 번 더 게임을 한다고 할 때 가능한 경우를 생각해 봅시다. 게임이 3판 2승제였으므로 A가 첫 번째 게임에서 이미 이겼고 두 번째 게임에서 이긴다면 게임은 A의 온전한 승리가 됩니다. 두 번째 게임에서 A가 이길 확률은 이기거나 지거나 둘 중 하나인 0.5가 됩니다. 그 다음으로 생각해 보아야 할 것은 두 번째 게임에서는 지고 세 번째에 이길 확률입니다. 두 번째 게임에서 A가 질 확률 0.5 중 세 번째 경기에서 A가 이길 확률을 곱하면 $0.5\times\frac{1}{2}=0.25$입니다. 따라서 ABA로 이길 확률이 0.25가 됩니다.

(A가 3판 2승제에서 이길 확률)
=(첫 번째 게임과 두 번째 게임에서 A가 이길 확률)
+(첫 번째에 이기고 두 번째에 지고 세 번째에 이길 확률)
=0.5+0.25=0.75

따라서 A가 이기는 경우가 3가지 B가 이기는 경우가 1가지 이므로 판돈을 3:1로 나누어 가지면 됩니다. 5판 3승제든, 9판 5승제든 파스칼의 삼각형을 들여다보면서 게임의 남겨진 판돈을 나누어 가지면 되겠네요.

내가 이 문제를 이런 방법으로 해결한 다음부터 확률론이라는 학문이 시작되었다고 하는군요.

또 다른 것을 찾아봅시다. $(a+b)^2$의 전개식이 어떻게 되지요? $a^2+2ab+b^2$이 된답니다. 삼각형의 2행과 한번 비교해 볼까요? 그 계수만 비교하면 1, 2, 1로 정확하게 일치하는 것을 알 수 있습니다.

$(a+b)^3$의 전개식은 어떻게 되나요? 조금 어렵나요? 그럼 나와 함께 차근차근 해보도록 합시다.

$$\begin{aligned}(a+b)^3&=(a^2+2ab+b^2)(a+b)\\&=a^3+a^2b+2a^2b+2ab^2+ab^2+b^3\\&=a^3+3a^2b+3ab^2+b^3\end{aligned}$$

삼각형의 3행과 그 계수만 비교해 보도록 합시다. 1, 3, 3, 1로서 같지요? 그렇다면 $(a+b)^4$도 구할 수 있겠어요? 한번 스스로 해보도록 할까요? 그런데 전개식을 일일이 전개하기가 귀찮아졌군요. 그래도 한번 선생님과 함께 확인해 봅시다. 정말로 일치하는지 궁금하지 않나요?

$$\begin{aligned}(a+b)^4 &= (a^3+3a^2b+3ab^2+b^3)(a+b)\\ &= a^4+3a^3b+3a^2b^2+ab^3+a^3b+3a^2b^2+3ab^3+b^4\\ &= a^4+4a^3b+6a^2b^2+4ab^3+b^4\end{aligned}$$

어때요? 조금 식이 길어지기는 했지만 파스칼의 삼각형 제 4행의 1, 4, 6, 4, 1과 정확하게 일치하지요? 이와 같은 방법으로 $(a+b)^5$, $(a+b)^6$,…에 대한 이항 전개식을 확인해 본다면 지난 시간에 설명한 도미노의 원리 그리고 지퍼의 원리와 마찬가지로 모든 자연수에서 성립함을 확인할 수 있습니다. 가끔 무언가 집중하고 싶을 때에 틈을 내서 한 번 확인해 보세요. 나는 여기까지 보여주는 게 좋겠군요. 원래 훌륭한 선생님은 간혹 가르침을 멈추고 제자가 스스로 할 수 있는 기회는 주는 거라고 하더군요.

마지막으로 재미있는 예를 하나 찾아볼까요? 요즘에 신문이나 방송에서 여기저기 신도시를 개발한다는 뉴스를 쉽게 접할 수 있는데요. 신도시의 특징은 바로 계획적으로 도시를 개발하기 때문에 무엇보다도 아주 효과적으로 도로망을 구성한다는 것입니다. 두 지점 사이의 최단 거리는 당연히 직선이겠지요. 따라서 최대한 직선으로 도로를 구성하는 것이 가장 효과적이 된답니다. 미국의 맨해튼도 바로 이런 계획적인 도시로서 이와 같이 직선적으로 도로가 만들어졌다고 하더군요. 그래서 길이 막힐 경우 택시 기사 아저씨들이 여러 가지 길을 생각해서 원하는 곳에 늦지 않도록 도와 준다고 합니다.

아직 미국에 가본 적이 없어서 정확하게 어떻다고 단정 짓기 어렵기 때문에 간단하게 가상적인 도로 구조를 예로 들어서 설명해 보도록 하겠습니다. A라는 지점에서 B지점까지 가는 방법을 찾아봅시다. 그림 ①부터 살펴보면 1, 2, 1로 파스칼의 삼각형의 1행과 일치합니다. 그림④를 통하여 보다 확대해서 생각해 봅시다. A에서 B까지 가는 방법을 연필이나 색깔 있는 펜으로 일일이 그어서 찾는다고 한다면 아마도 내가 어디를 지나갔고 지나가지 않았는지 구분하기 어렵게 되고 말 것입니다.

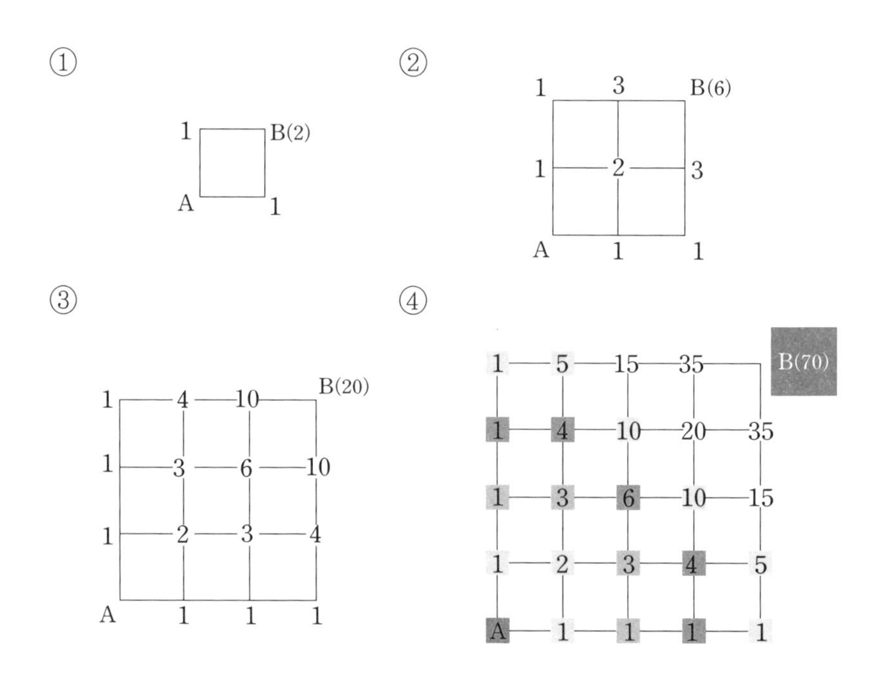

앞의 방법과 같이 차근차근 찾아간다면 아마도 결코 실수하지 않을 것이라고 생각합니다. 색깔별로 살펴보면, (1,2,1), (1,3,3,1), (1,4,6,4,1), (1,5,10,10,5,1)로 파스칼의 삼각형의 행과 일치하는 것을 확인할 수 있습니다.

어때요? 정말 근사하지 않아요? 나는 이런 파스칼의 삼각형을 만나서 너무나 행복했습니다. 이 안에 숨어 있는 비밀들을 하나하나 찾아가는 기쁨은 이루 표현하기가 힘들답니다. 실은 내가 이 시간에 설명하지 않은 것들이 아직도 많이 남아 있답니다. 여러분이 파스칼의 삼각형을 더 열심히 사랑하고 들여다보면서 찾아보세요. 아마 아주 흥미로운 것들을 더 많이 발견하게 될 것입니다.

다섯 번째 수업 정리

1 파스칼의 삼각형은 맨 위쪽 수열부터 0행, 1행, 2행 3행,…이름을 붙입니다. 각 행의 가장 오른쪽과 가장 왼쪽에는 1을 모두 쓰고, 그 가운데 각각의 수들은 그 위 인접한 두 수에 대한 결과로 결정됩니다. 2행을 살펴보면 왼쪽과 오른쪽에 1을 쓰고 가운데 2는 윗행의 1과 1을 합한 값으로 생겨난 것입니다. 3행을 살펴보면 가장 왼쪽과 오른쪽에 1을 쓰고 가운데에는 1+2의 결과인 3 그리고 2+1의 결과인 3을 써서 3행이 완성됩니다.

```
        1          ……… 0행
      1   1        ……… 1행
    1   2   1      ……… 2행
  1   3   3   1    ……… 3행
1   4   6   4   1  ……… 4행
        …
```

2 파스칼의 삼각형 안에는 많은 수열들이 숨어 있습니다.

삼각수 : 1, 3, 6, 10, …

사면체수 : 1, 4, 10, 20. …

각 행의 합 : 1, 2, 2^2, 2^3, …

원소의 개수에 따른 부분 집합의 개수, 확률, 경우의 수, 이항정리 등 많은 수열들을 찾을 수 있습니다.

피보나치수열과 수학적 귀납법

피보나치수열은 무엇일까요?

파스칼의 삼각형에서 피보나치수열을 찾아봅시다.

여섯 번째 학습 목표

1. 피보나치수열에 대하여 알아봅니다.
2. 파스칼의 삼각형에서 피보나치수열을 찾아보고 수학적 귀납법을 이용하여 증명합니다.

미리 알면 좋아요

1. 황금분할 선분을 황금비로 나누는 것입니다. 황금비란 한 직사각형에서 짧은 변을 1로 하여 만들어지는 정사각형을 제외시킬 때 생기는 나머지 직사각형이 원래의 직사각형과 닮은꼴이 되게 하는 두 변의 길이의 비를 말합니다.

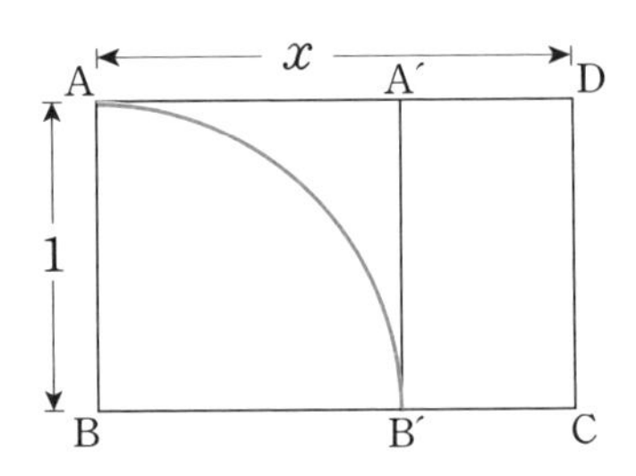

$$\square ABCD \backsim \square B'CDA'$$

$$\frac{x}{1} = \frac{1}{x-1}$$

$$x = \frac{1+\sqrt{5}}{2} \fallingdotseq 1.6180\cdots$$

지난 시간에 파스칼의 삼각형에 대해 알아보았습니다. 단순한 수의 합으로 만들어진 삼각형에 감추어진 비밀이 많다는 것을 보고 새삼스럽게 많이 놀랐을 것입니다. 그래서 파스칼의 삼각형이 더욱 매력적이기도 합니다. 실은 지난 시간에 설명을 하고 싶었지만 이번 시간을 위해 남겨 둔 것이 하나 있습니다. 바로 파스칼의 삼각형에서 피보나치수열을 찾는 것입니다. 그리고 피보나치수열을 나와 함께 공부하고 있는 수학적 귀납법으로 증명해 보도록 하겠습니다.

중세 시대 유럽에 아주 유명한 수학자가 있었습니다. 바로 그 그의 이름이 피보나치Fibonacci, 1175?~1205?라는 분입니다. 그는 이탈리아의 상업 중심지인 피사에서 태어났습니다. 그 당시 지중해 연안에는 상업이 상당히 발달해 있었습니다. 《베니스의 상인》이라는 유명한 책도 있지요? 베니스도 바로 이탈리아의 한 도시랍니다. 피보나치의 아버지는 관세 지배인, 즉 행정관으로 근무했습니다. 바로 아버지의 영향으로 여행도 많이 하게 되면서 동부와 아라비아 수학을 접하게 되고 관심을 갖게 되었다고 합니다. 피보나치는 《산반서》라는 유명한 책을 저술했는데요, 이 책은 바로 그 속의 피보나치수열 때문에 유명해졌다고 하네요. 사실 이 피보나치수열이 정말 재미있고 신기하답니다.

피보나치가 1202년에 연구하기 시작한 문제는 원래 토끼의 번식에 관한 것이었습니다. 하지만 이 문제를 해결하기 위해서는 몇 가지 이상적인 상황을 이해해야 합니다.

첫째, 한 번 태어난 토끼는 절대 죽지 않습니다.

둘째, 태어난 지 두 달이 되면 어른 토끼가 됩니다. 그러니까 생후 두 번째 달 말일에 새끼를 낳기 시작하는 것입니다. 그 이

후로 계속해서 한 달에 한 번씩 새끼를 낳는다고 가정합니다.

아차, 한 가지 더 토끼가 새끼는 낳는데 반드시 암컷과 수컷 한 마리씩을 낳는다고 가정합니다. 이것만 보아도 참 재미있는 가정이라는 생각이 들지 않아요? 물론 현실적으로 생각하면 말도 안 된다고 나에게 반대의 의미를 전하러 달려오는 학생이 있을지도 모르겠어요. 하지만 이러한 가정을 수학적으로 이해하기 시작하면 아주 재미있는 사실들을 발견하게 된답니다.

아래 그림을 함께 살펴봅시다.

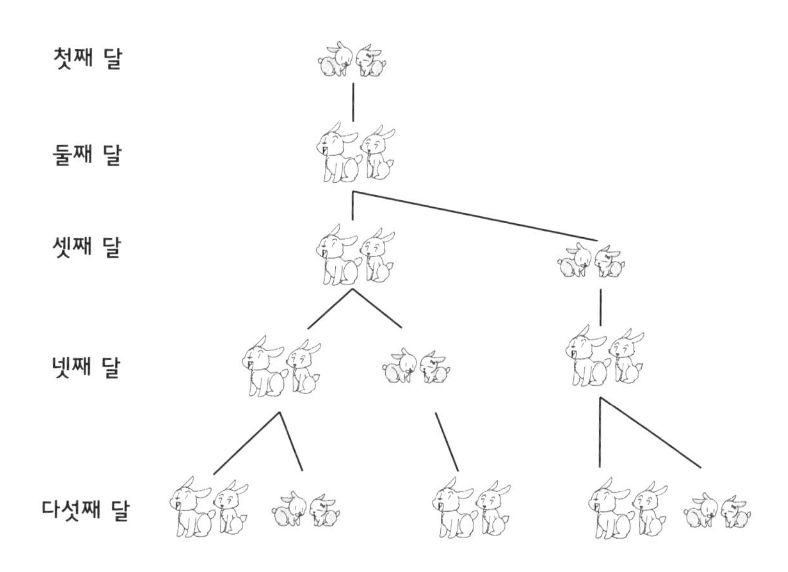

① 처음에 토끼가 한 쌍 있습니다.

② 두 번째 달 말에 토끼는 짝짓기를 합니다. 그렇지만 뱃속에 새끼가 크고 있으니 여전히 한 쌍의 토끼만 푸른 들에서 풀을 뜯고 있습니다.

③ 세 번째 달 말에 가면 암컷이 새끼를 낳으므로 2쌍의 토끼가 있게 됩니다.

④ 네 번째에는 처음의 암컷이 새끼 한 쌍을 더 낳게 되므로 3쌍의 토끼가 푸른 초장을 뛰어놉니다.

⑤ 다섯 번째 달이 되면 처음의 암컷이 한 쌍을 낳고 세 번째 달에 태어났던 토끼 한 쌍도 어른 토끼가 되므로 두 쌍의 토끼를 낳게 됩니다. 그래서 모두 다섯 쌍의 토끼가 풀을 뜯어먹고 있습니다.

위와 같은 규칙으로 계속 토끼가 늘어난다고 할 때 이것을 수로 나타내면 1, 1, 2, 3, 5, 8, 13, 21, 34, 55,⋯ 와 같이 됩니다. 이와 같이 처음의 두 항이 1, 1 이고 그 다음 항부터 바로 앞의 두 항을 합하여 얻은 수열을 피보나치수열이라고 합니다.

$1+1=2$

$1+2=3$

$2+3=5$

$3+5=8$

$5+8=13$

$8+13=21$

$13+21=34$

첫 번째 시간에 수열의 귀납적 정의를 공부했었는데 기억하나요? 다시 한 번 정의를 해 보면 수열이란 자연수 1, 2, 3, …, n의 각각에 항을 하나씩 대응시킬 수 있도록 만든 수의 계열을 말한다고 했습니다. 그리고 자연수 n을 포함하는 명제 $p(n)$이 모든 자연수 n에 대해서 참이라는 주장을 하기 위해 다음과 같은 순서를 거친다고 설명했었습니다.

① $P(1)$은 성립한다.

② 임의의 자연수 k에 대하여 $P(k)$가 성립한다고 가정하면, $P(k+1)$도 항상 성립한다.

위와 같은 증명방법을 수학적 귀납법이라 한다고 했습니다. 모두들 잘 기억하고 있군요.

아직은 수학적 귀납법으로 증명할 내용이 나오지 않았어요. 그래서 다음과 같이 정리해야 할 겁니다. 피보나치수열 $\{F_n\}$은 첫째항과 둘째항이 모두 1이고, 앞의 두 항의 합이 바로 그 다음 항이 되므로 다음과 같은 점화식으로 쓸 수 있습니다.

$$F_1=1,\ F_2=1$$
$$F_n=F_{n-1}+F_{n-2}(\text{단, } n\geq 3)$$

이제 첫째 항부터 n항까지의 합을 S_n이라고 한다면 S_n은 다음과 같습니다.

$$S_n= F_1+F_2+F_3+\cdots+F_n=F_{n+2}-1$$

위의 식을 수학적 귀납법으로 증명해 볼까요?

첫 번째, $n=1$일 때 성립하는지 알아봅시다.

$$(\text{좌변}) : S_1 = F_1 = 1$$

$$(\text{우변}) : F_3 - 1 = F_1 + F_2 - 1 = 1 + 1 - 1 = 1$$

좌변과 우변이 같으므로 $n=1$일 때 확실하게 성립하네요.

두 번째, $n=k$일 때 주어진 식이 성립한다고 가정해야 하지요? 다시 말해 아래의 식이 성립한다고 가정합니다. 여기서 k라는 것은 임의의 한 자연수입니다.

$$S_k = F_1 + F_2 + F_3 + \cdots + F_k = F_{k+2} - 1$$

$n=k+1$일 때도 성립하는지를 알아보려면 위의 식의 우변과 좌변에 각각 F_{k+1}을 더하면 됩니다. 자, 실제로 나를 따라서 해보도록 합시다. 놓치지 말고 잘 따라와야 합니다.

$$F_1 + F_2 + F_3 + \cdots + F_k + F_{k+1} = F_{k+2} - 1 + F_{k+1} = F_{k+3} - 1$$

따라서 주어진 식이 $n=k$일 때 성립한다면 $n=k+1$일 때도 성립한다는 것이 증명되었습니다. 위의 두 가지에 의해 주어진 등식은 모든 자연수 n에 대해 성립한다고 말할 수 있습니다.

이 피보나치수열은 단지 이렇게 수학에만 적용되는 수열이 아니랍니다. 음악이나 건축 그리고 미술, 자연 속에 놀라울 정도로 나타나고 있다는 것입니다. 산에서 흔히 볼 수 있는 솔방울의 표면을 덮고 있는 잎들은 솔방울을 나선형으로 둘러싸고 있는데 그 수를 세어보면 시계 방향으로는 8개의 나선이, 시계 반대 방향으로는 13개의 나선이 가로지르고 있다고 합니다. 어떤 솔방울은 3개와 5개의 나선이 또는 5개와 8개의 나선이 짝을 이루고 있다고 합니다.

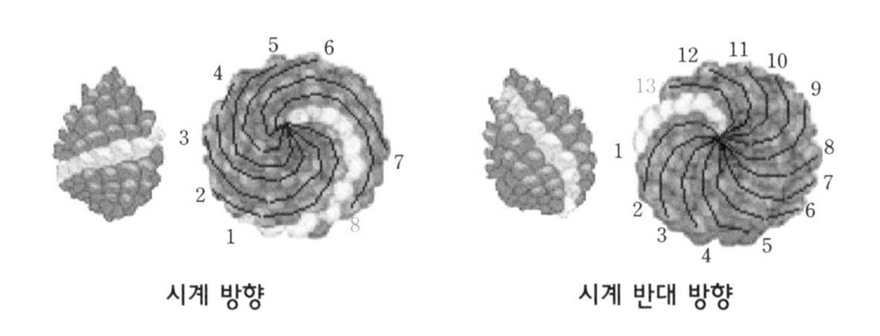

시계 방향　　　　시계 반대 방향

해바라기 씨에서도 피보나치수열을 볼 수 있다고 하니 이제부터 들판을 거닐 때도 그냥 넘기지 말고 한번쯤 자연 속에 숨쉬고 있는 수학을 찾아보는 것도 재미있을 것 같습니다. 나의 산책길도 더욱 즐거워질 것 같군요.

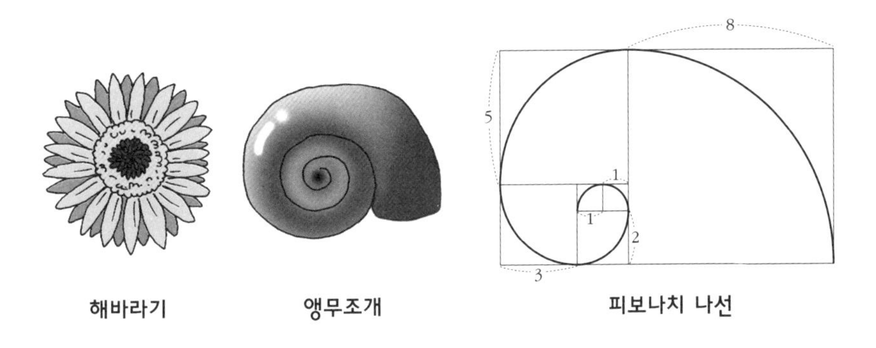

해바라기 앵무조개 피보나치 나선

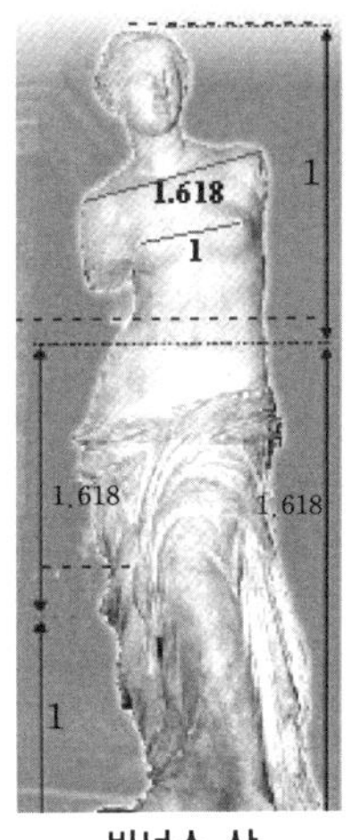

비너스 상

훌륭한 조각 작품들 속에 숨어 있는 황금분할도 모두 이 피보나치수열로 이루어져 있답니다. 황금분할이라 함은 비율 관계가 절묘하다는 데에서 나온 말이라고 합니다.

그래서 이 황금분할을 이용해서 만든 물건이나 건축물들이 더욱 아름답게 보인다고 할 수 있답니다.

우리 생활 주변에 있는 액자, 창문, 태극기, 신용카드, 교통카드 등은 모두 가로 · 세로 비율에 황금분할이 적용된 예라고 할 수 있습니다.

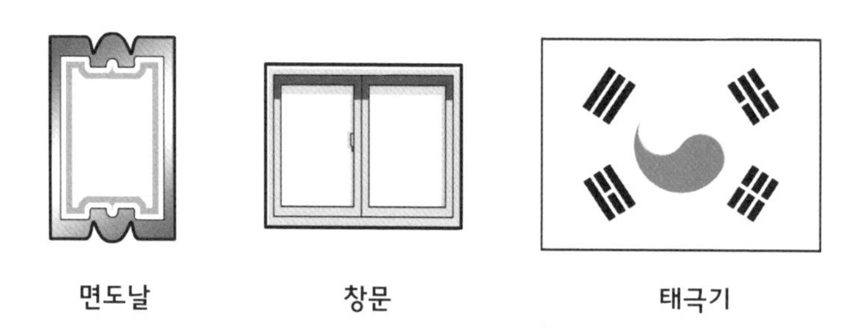
면도날 창문 태극기

피보나치수열과 황금분할이 어떻게 밀접한 관련을 가지고 있는지 조금 더 살펴보고 넘어가도록 할까요?

피보나치수열은 다음과 같습니다.

$$1, 1, 2, 3, 5, 8, 13, 21, \cdots$$

이 피보나치수열과 인접한 항의 비로 만들어지는 수열의 극

한값은 황금비와 같습니다.

$$1,\ 2,\ \frac{3}{2},\ \frac{5}{3},\ \frac{8}{5},\ \frac{13}{8},\ \cdots$$

불가사의라고 여겨지는 가장 크고 완전한 기자Gizeh의 피라미드는 평지에서 보면 어디에서 보아도 3개의 선만 보인다고 합니다. 그런데 피라미드 보다 조금이라도 높은 위치에서 피라미드를 보면 5개의 선이, 그리고 하늘 위에서 피라미드를 내려다보면 8개의 선이 나타난다고 하네요. 바로 3, 5, 8 모두 피보나치수열의 항이라고 할 수 있습니다.

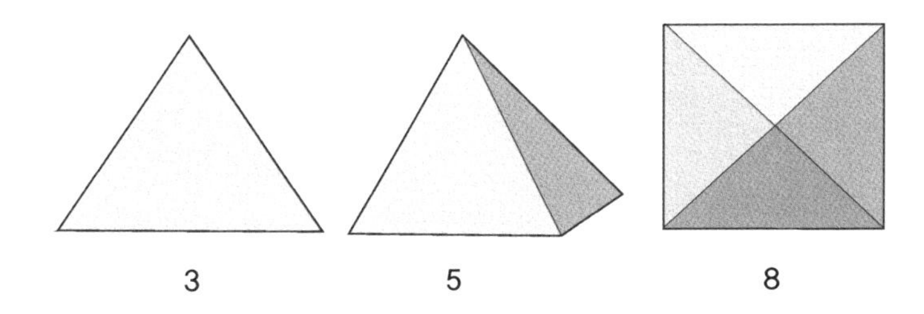

그럼 이번에는 파스칼의 삼각형에서 피보나치수열을 찾아볼까요?

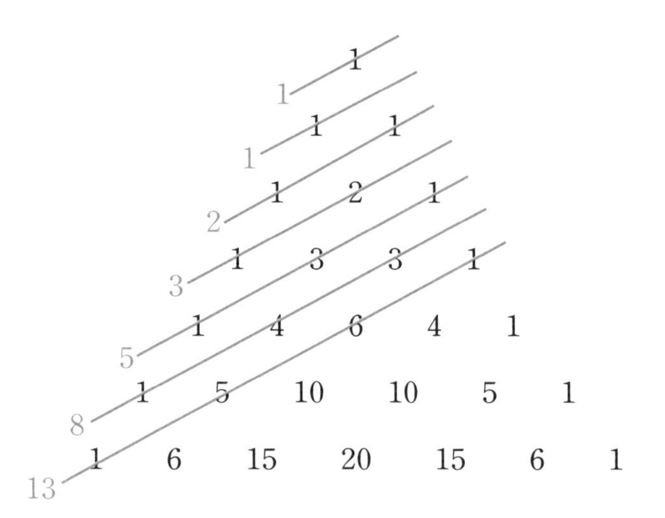

1, 1, 2, 3, 5, 8, 13, ⋯ 피보나치수열을 확인할 수 있습니다. 이렇게 확인한 피보나치수열을 식으로 나타내면 아래와 같습니다.

$$F_n=\sum_{k=0}^{j}\binom{n-k-1}{k}$$

$$=\binom{n-1}{0}+\binom{n-2}{1}+\cdots+\binom{n-j}{j-1}+\binom{n-j-1}{j}$$

단, j는 $\frac{n-1}{2}$보다 작거나 같은 가장 큰 정수

여기서 ( )는 파스칼의 삼각형에 나오는 $n-k-1$번째 행,

k번째 열의 수가 됩니다. 물론 위의 식도 수학적 귀납법으로 증명이 가능하지만 너무 어려워지는 것 같으니 여기에서 마무리 짓기로 하겠습니다. 혹시 관심이 있는 학생은 수학적 귀납법의 증명 순서를 차근차근 따라가면서 증명해 보기 바랍니다.

이렇듯 수학은 수학이라는 교과목의 어느 한 페이지를 장식하는 문제의 한 장면이 아니랍니다. 우리의 생활 속에 그리고 자연 속에서 우리와 밀접한 관계를 맺고 살아서 숨 쉬고 있답니다. 우리 주변 어디를 둘러보던 그 안에는 수학이 함께 있다는 것을 잊지 않았으면 좋겠고 수학을 더욱 친근하게 느낄 수 있었으면 좋겠습니다.

여섯 번째 수업 정리

피보나치수열은 제1항과 제2항을 1이라 하고, 제3항부터는 차례로 앞의 두 항의 합을 취하는 수열입니다. 이 수열은 다음과 같이 나타납니다.

$$F_1=1,\ F_2=1,\ F_{n+1}=F_n+F_{n-1}\ (n=2, 3, 4, \cdots)$$

$$1, 1, 2, 3, 5, 8, 13, 21, 34, \cdots$$

피보나치수열은 파스칼의 삼각형에도 숨어 있습니다.

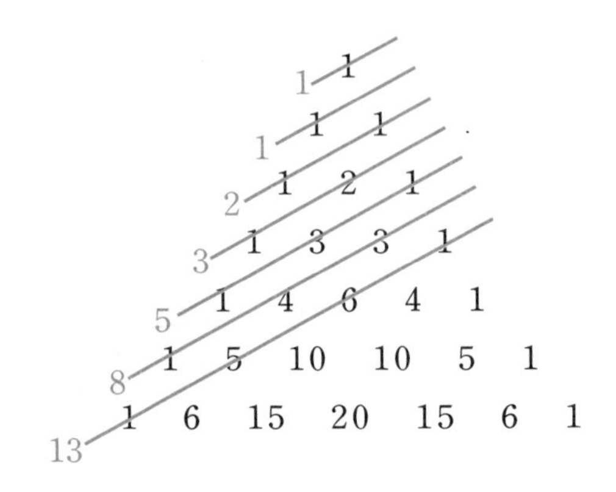

수학적 귀납법의 효용과 그 한계

수학적 귀납법은 어떤 경우에 오류를 범하게 될까요?
수학적 귀납법의 가치와 한계를 알아봅시다.

1. 수학적 귀납법의 유용한 가치를 알아봅니다.
2. 어떤 경우에 수학적 귀납법으로 인한 오류를 범하게 되는지 살펴봅니다.

미리 알면 좋아요

1. 일대일 대응 A에서 B로의 대응 수에서 A의 각 원소에 B의 원소가 하나씩 대응하고, 또한 B의 임의의 원소 x에 대하여 $f(a)=x$인 A의 원소 a가 오직 하나 존재할 때, 이를 일대일대응이라 합니다. 이것을 그림으로 나타내면, 아래와 같습니다.

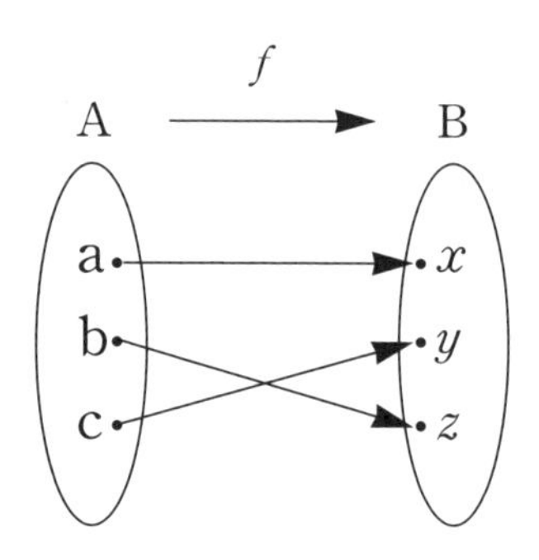

지금까지 수학적 귀납법을 이용한 증명을 살펴보았습니다. 수학적 귀납법은 사실 알고 보면 아주 간단한 원리에 의한 증명입니다. 관찰된 사실들에서 찾아낸 일반적인 명제를 그대로 믿어버리기에는 어딘가 의심스러운 부분이 있다면 수학적 귀납법을 이용하여 증명해 보면 유익합니다. Suydam1983은 여러 가지 증명 방법 중에서 특히 수학적 귀납법은 귀납 추론과 증명을 연습하고 논리적이고 체계적인 인과 관계를 기르는 데에 더없이 좋은 소재라고 하였습니다.

그런데 이 수학적 귀납법은 n이 항상 자연수일 때라는 것을 잊어서는 안 됩니다. 자연수의 집합과 자연수 하나에 값이 하나씩 대응되는 일대일 대응을 이루어야 한다는 것입니다.

나는 여러분에게 이렇게 유용한 수학적 귀납법을 잘 적용할 수 있는 방법을 한 가지 소개하고자 합니다. 이 아이디어는 드빈스키의 수학적 귀납법의 발생적 분해에서 가져온 것입니다.

첫째, 명제를 보고 이것을 식으로 나타낼 수 있어야 해요. 다시 말해서 '모든 자연수 n에 대해서 처음 n개의 홀수의 합은 n의 제곱이다' 라는 명제가 주어졌다고 합시다. 여기서 이 명제를 $1+3+5+\cdots+(2n-1)=n^2$ 과 같은 식으로 나타낼 수 있어야 합니다.

둘째, 증명해야 하는 명제를 자연수에 대해서 성립한다는 것으로 해석할 수 있어야 한다는 것을 뜻합니다. 수학적 귀납법의 첫 번째 단계인 $n=1$일 때 성립한다는 것을 보여야 합니다. 위의 정리에서는 $p(1)=1=1^2$이 성립합니다.

일곱번째 수업 정리

1 사각형들의 넓이 공식

① 정사각형의 넓이 : (한 변의 길이)^2

② 직사각형의 넓이 : (가로의 길이)×(세로의 길이)

③ 마름모의 넓이 : $\frac{1}{2}$×(두 대각선의 길이의 곱)

④ 평행사변형의 넓이 : (밑변의 길이)×(높이)

⑤ 사다리꼴의 넓이 : $\frac{1}{2}$×{(윗변의 길이)+(아랫변의 길이)}×(높이)

· 못생긴 사각형 : 삼각형으로 나누어 구합니다.

2 평행사변형 속 넓이

평행사변형 속에 아무 점을 잡고 각 꼭짓점까지 이어서 네 개의 삼각형을 만들었을 때 같은 색깔의 삼각형끼리 넓이를 더하면 같습니다.

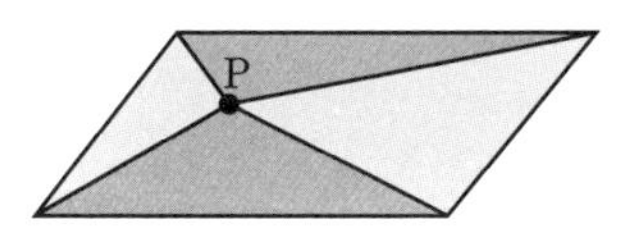

첫째, $n=2$일 때 살펴봅시다.

좌변$=1+\frac{1}{2}=\frac{3}{2}$, 우변$=\frac{2\times2}{2+1}=\frac{4}{3}$

$\frac{3}{2}>\frac{4}{3}$이므로

따라서 $n=2$일 때 위의 식은 참입니다.

둘째, $n=k$일 때 성립한다고 가정해 봅시다.

$$1+\frac{1}{2}+\frac{1}{3}+\cdots+\frac{1}{k}>\frac{2k}{k+1} \quad \text{-------①}$$

위의 식이 참이라면 $n=k+1$일 때도 성립하는지 확인합시다.

$$1+\frac{1}{2}+\frac{1}{3}+\cdots+\frac{1}{k}+\frac{1}{k+1}>\frac{2k}{k+1}+\frac{1}{k+1}=\frac{2k+1}{k+1}$$

그런데 ①의 우변에 $k+1$을 대입하면, $\frac{2(k+1)}{k+2}$ 입니다.

한편 $\frac{2k+1}{k+1}-\frac{2(k+1)}{k+2}=\frac{k}{(k+1)(k+2)}$이고,

$k\geq2$이므로 $\frac{2k+1}{k+1}-\frac{2(k+1)}{k+2}>0$입니다.

따라서 $\frac{2k+1}{k+1}>\frac{2(k+1)}{k+2}$ 입니다.

$$1+\frac{1}{2}+\frac{1}{3}+\cdots+\frac{1}{k}+\frac{1}{k+1}>\frac{2k+1}{k+1}>\frac{2(k+1)}{k+2}$$

$n=k+1$일 때도 성립합니다.

그러므로 수학적 귀납법에 의해 $n \geq 2$인 자연수 n에 대하여 $1+\frac{1}{2}+\frac{1}{3}+\cdots+\frac{1}{n}>\frac{2n}{n+1}$이 성립합니다.

이와 같은 과정을 무리 없이 이끌어 갈 수 있어야 하겠습니다. 나와 함께 열심히 수학적 귀납법에 대해 공부한 여러분은 분명히 잘 해낼 수 있으리라고 믿습니다.

그러나 많은 수학자들에 의해 유용하다고 여겨지는 수학적 귀납법도 잘못 사용하게 되면 말도 안 되는 것을 참이라고 합리화하게 되는 잘못을 범할 수 있으므로 주의해야 합니다. 예를 들어, '모든 사람은 대머리이다'라는 명제에 대해 수학적 귀납법을 적용해 봅시다. n을 머리카락의 개수라고 하고, 'n개의 머리카락을 가진 사람은 대머리이다'를 증명해야 하는 명제를 p(n)이라고 합니다.

첫째, 머리카락이 한 개인 사람은 대머리 이므로 p(1)은 참입니다.

둘째, p(k)가 참이라고 가정합니다. 즉 머리카락이 k개 있는 사람은 대머리라고 가정합니다. 대머리인 사람이 매일 머리카락 수를 세다가 어느 날 머리카락이 하나 더 많은 것을 발견했습니다. 그러나 그렇다고 해서 대머리가 아닌 것은 아니지요? 그러나 p(k)가 참이면 p($k+1$)도 참이 됩니다. 따라서 머리카락이 몇 개가 있든 모든 사람은 대머리가 되는 셈이지요.

위의 증명의 절차는 아무런 결점이 없습니다. 문제는 '대머리'와 같이 수학적으로 엄밀하게 정의될 수 없는 개념에 수학적 귀납법을 적용한 데서 발생합니다. 예를 들어 머리카락이 1000개인 사람을 대머리라고 판정하는 경우도 있고 그렇지 않은 경우도 있기 때문에 대머리라는 개념은 수학적으로 명백하게 정의되지 않습니다. 이러한 경우에는 수학적 귀납법을 적용할 수 없습니다.

수학적 귀납법을 오용하면 '바둑돌은 모두 같은 색이다'는 명제를 증명할 수도 있습니다. 이것을 수학적 귀납법으로 증명하려면 자연수 n에 대한 명제로 바꿀 수 있어야 한다고 했지요? 이 명제를 그렇게 바꾸면 p(n)을 'n개의 바둑돌은 같은 색이다'라고 하면 됩니다. 이 명제를 증명해 볼까요?

첫째, 바둑둘이 한 개일 때에는 당연히 같은 색이므로 p(1)은 참입니다.

둘째, p(k)가 참이라고 가정해야 하지요? 즉 p(k)는 k개의 바둑돌은 같은 색이라고 가정합니다.

이때, p($k+1$)도 같은 색임을 증명해야 합니다. $k+1$개의 바둑돌의 집합을 A라고 합니다. 여기서 한 개의 바둑돌 a를 꺼낸 A－{a}에는 k개의 바둑돌이 있으므로 가정에 의해 바둑돌의 색은 같습니다. 이제 a를 되돌려 넣고 a와 다른 바둑돌 b를 꺼낸 A－{b}에도 마찬가지로 k개의 바둑돌이 있으므로 가정에 의해 바둑돌의 색은 같습니다. 따라서 A－{a}의 바둑돌의 색깔이 모두 같았으므로 A－{a, b}와 b의 색은 같습니다. 바둑돌 A－{b}의 바둑돌의 색깔 역시 모두 같았으므로 A－{a, b}와 a의 색은 같습니다. 따라서 A에 들어있는 k＋1개의 바둑돌은 모두 같은 색입니다. 즉 p(k＋1)도 성립합니다.

위의 증명 과정에 의해 모든 n에 대해서 p(n)이 참입니다. 즉 바둑돌은 모두 같은 색이라고 할 수 있습니다.

이 명제의 증명에서 오류가 생긴 이유는 n＝2에 있습니다. {흰돌, 검은돌}에서 흰돌 하나를 빼면 남은 것은 검은돌로 같은 색이고, 검은돌을 빼면 남은 것이 흰돌로 또 같은 색이 되지요. 그래서 수학적 귀납법의 두 번째 단계로서 위에서 논의한 내용은 n＝2인 경우에 성립한다고 할 수 없습니다.

이와 같이 명확하지 않은 전제나 초기값에 대해 정확하게 살펴보지 않을 경우 수학적 귀납법에 의한 증명은 오류를 범할 수 있다는 것을 기억해야 할 것입니다.

이로써 나는 이만 수학적 귀납법에 대한 강의를 마치고자 합니다. 사실 수학적 귀납법이라는 말만 들었을 때는 '이거 귀납법이야.' 라고 생각하기 쉽고, 연역법이라고 하면 '그럼 무지 어렵겠네.' 라는 선입관을 가지게 합니다. 그래서 몇몇 연구들에 의하면 학생들은 실제로 수학적 귀납법의 의미는 전혀 이해하지 못한 채 수학적 귀납법의 단계만을 외워서 자동적으로 써내려가거나 명제를 인식하지 못해서 올바른 결론을 이끌어내지 못하는 경우가 종종 있다고 합니다.

세 번째 시간에 수학적 귀납법이라는 용어가 어떻게 생겨나게 되었는지에 대해 잠깐 언급을 했었는데요. 드 모르간은 형식적 논리Formal Logic에서, n에서 $n+1$로의 논증을 '연속적 귀납Induction by connexion' 이라고 한 후 그것을 '수학에서는 흔하게 사용하지만 다른 지식 분야에서는 잘 쓰이지 않는다."라고 했습니다. 그가 n에서 $n+1$로의 논증을 '수학적 귀납법' 이라고 표현한 것은 그 증명 방법이 '수학에서만 사용하는 논증적 귀납' 임을 의도적으로 나타내려고 한 것이라고 합니다. 그러니 수학적이지 못한 곳에 사용했을 경우 앞의 예에서 살펴본 것과 같은 오류를 범하게 되는 것입니다.

나의 강의를 통해 수학적 귀납법에 대해 보다 많은 이해가 될 수 있었기를 바랍니다. 또한 오류를 범하지 않도록 항상 주의해 주기를 바랍니다.

마지막으로 여러분에게 당부하고 싶은 게 하나 더 있습니다. 나는 사실 수학에 대한 영감과 확신이 있었어요. 하지만 항상 건강이 좋지 않아서 꾸준하게 학문에 전념할 수가 없었답니다. 여러분은 무엇보다도 건강에 유의해야겠어요. 잘 알겠죠? 꼭 약속해 주세요.

그럼 선생님은 여기서 모든 강의의 막을 내리도록 하겠습니다.

감사합니다.

공부에서 가장
중요한 건 무엇일까요?

명석한
두뇌요.

끊임없는
노력이요.
예습과
복습이요.

모두 다 맞는 말입니다.
하지만 가장 중요한
것은 건강이에요.
건강하지 않다면
그 어떤 것도
할 수 없겠죠.

지금까지 열심히
수학을 공부했으면
방에만 틀어박혀 있거나
컴퓨터만 붙들고
있을 게 아니라
친구들과
자연 속에서
맘껏 뛰며 건강한
여러분이 되길
바랍니다.
냐옹
다다다다…

일곱 번째 수업 정리

1 수학적으로 엄밀하게 정의될 수 없는 개념에 수학적 귀납법을 적용하면 문제가 발생합니다. 예를 들어 머리카락이 1000개인 사람을 대머리라고 판정하는 경우도 있고 그렇지 않은 경우도 있기 때문에 대머리라는 개념은 수학적으로 명백하게 정의되지 않습니다.

2 수학적 귀납법은 명확하지 않은 전제나 너무 작은 범위를 이용할 경우 오류를 범할 수 있습니다.

〈참고문헌〉

· 고정선(2003). 〈수업시간에 활용할 수 있는 파스칼의 삼각형에 관한 연구〉. 성균관대학교 교육대학원 석사학위 논문

· 공미경(2002). 〈귀납적으로 정의된 수열의 지도방법에 관한 연구〉 . 조선대학교 교육대학원 석사학위 논문

· 김윤경(2006). 〈고등학교 학생들의 수학적 귀납법에 관한 개념 형성〉, 건국대학교 교육대학원 석사학위 논문

· 김익표 · 황석근(2004). 〈파스칼의 삼각형, 계차수열 및 행렬의 연계와 표현〉, 한국수학학회지 〈수학교육〉. 2004.11. 제43권. pp 391-398

· 박선용(2008). 〈수학적 귀납법에 대한 교수학적 분석〉. 서울대학교 대학원 수학교육과 박사학위 논문

· 박은영(2007). 〈수학적 귀납법에 관한 사례연구〉. 한국교원대학교 대학원 석사학위 논문

· 이영미(2004). 〈피보나치 수열에 대하여〉. 한국외국어대학교 교육대학원 석사학위 논문

· 오가와요코(2004). 《박사가 사랑한 수식》. 이레

· 김남희외(2007). 《수학교육과정과 교재연구》. 경문사

· 전평국외(2002). 《수학 7-나》, 교학연구사

전평국외(2002). 《수학 8-나》, 교학연구사

전평국외(2002). 《수학 9-나》, 교학연구사

· H. 엔첸스베르거(1997). 《수학귀신》, 비룡소

· Rob Eastaway & Jeremy Wyndham(1999).《Why Do Buses Come in Threes》. 김혜선 역(2003). 경문사

· Howard Eves(1953).《An Introduction To The History Of Mathematics》. 이영우 &신항균 역(1996). 수학사. 경문사